Leopold Scheer

WAS IST STAHL

Eine Stahlkunde
für jedermann

Dreizehnte
erweiterte Auflage

mit 49 Abbildungen
und einer Tafel

1968

Springer-Verlag Berlin Heidelberg GmbH

ISBN 978-3-662-22782-4   ISBN 978-3-662-24715-0 (eBook)
DOI 10.1007/978-3-662-24715-0

Library of Congress Catalog Card Number: 68–19 413

Vorwort zur dreizehnten Auflage

Die Beliebtheit, deren sich diese kleine Stahlkunde in den an
Stahl interessierten Kreisen seit Jahren erfreut, macht nun wieder
eine Neuauflage notwendig. Da ich selbst durch andere Aufgaben
derzeit stärker in Anspruch genommen bin, hat es Herr Dr.-Ing.
Hans Berns vom Stahlwerk Böhler in Düsseldorf übernommen, das
Buch für den Neudruck durchzusehen. Hierfür sage ich ihm auch an
dieser Stelle meinen Dank. Es waren eine Reihe nicht unwesentlicher
Ergänzungen erforderlich, die sich durch den Fortschritt in Wissenschaft und Betrieb ergeben hatten. Vor allem wurde die heute geltende
Ausgabe des Eisen-Kohlenstoff-Diagramms übernommen und auch im
Text berücksichtigt. Aber auch Leserzuschriften wurden berücksichtigt,
wenn die Vorschläge in den Rahmen dieser „Einführung" paßten,
wie ich denn überhaupt nach wie vor für jede Anregung dankbar bin.

Neu aufgenommen wurde als Abschnitt 31 eine Einführung in
das von der Stahlindustrie entwickelte System von Kurzbezeichnungen
für die Stähle einschließlich der Werkstoffnummern. Diese Ergänzung
dürfte vor allem von den Stahlverkäufern und den Einkäufern be-
grüßt werden.

Das Büchlein hat auch im Ausland Interesse gefunden. Es wurde
bisher ins Englische, Portugiesische (Brasilien) und Türkische über-
setzt.

Büderich bei Düsseldorf, im August 1968

Leopold Scheer

Aus dem Vorwort zur ersten Auflage

Neben einem ins Riesenhafte angewachsenen fachwissenschaftlichen Schrifttum auf dem Gebiete des Stahles sind nur wenige be-
lehrende Bücher erschienen, die das Ziel verfolgen, den großen Kreis
der an „Stahl und Eisen" interessierten Laien, vor allem auch den
Kreis der Stahlverkäufer und der Einkäufer über das Wesen des
Stahles allgemeinverständlich zu unterrichten. Geschrieben wurden

auch diese Lehrbücher von Fachleuten, die gemeiniglich allein für berufen befunden werden, auf ihrem Gebiete Aufschluß zu geben. Diese Ansicht ist nicht ganz richtig. Der Fachmann ist zu sehr auf seinesgleichen eingestellt; oft ist er in seinen technischen Gedankengängen so befangen, daß er sich nicht bewußt wird, was von den technischen Dingen noch zum „Allgemeinwissen" gehört und was schon zu den „Sonderkenntnissen" zu rechnen ist; er setzt bei seinen nichttechnischen Lesern häufig zu viel voraus. Solche Lehrbücher haben meistens auch nicht ihren Zweck erfüllt. Der willige Leser legt sie oft sehr bald ermüdet aus der Hand und gibt dann sein „Studium" überhaupt auf. Ein auch nur oberflächliches Eindringen in das Wesen des Stahles ist dem Nichtfachmann im allgemeinen versagt geblieben. Man frage einmal einen längere Jahre im Stahlfach „selbständig" arbeitenden Verkäufer nach den einfachsten Begriffen, die ihm bei seiner Arbeit täglich in die Quere kommen, und man wird sich davon überzeugen, daß ihm jede brauchbare Vorstellung fehlt. Von zehn Stahlverkäufern werden keine zwei auch nur den Unterschied zwischen Normalglühen und Weichglühen angeben können, während der jüngste Autoverkäufer bis ins kleinste über die technischen Einzelheiten seiner Wagen Bescheid weiß.

Der Verfasser des vorliegenden Buches ist Kaufmann, also Nichtfachmann. Er hat sich in langen Jahren durch einen Berg von Fachliteratur durchgearbeitet und kennt aus eigener Erfahrung die Schwierigkeiten, die sich dem technisch nicht Vorgebildeten auf diesem interessanten Gebiete entgegenstellen. Er bemüht sich in dieser Schrift, in leicht verständlicher Form und in gedrängtem, aber ausreichendem Maße einen Begriff vom Wesen des Stahles zu geben. Die Arbeit kann und soll nicht mit der eingangs erwähnten fachwissenschaftlichen Literatur in Wettbewerb treten, sie wendet sich an einen ganz anderen Leserkreis.

Das Buch ist kein Nachschlagewerk, das in der Schreibtischlade liegen und zu gelegentlicher Beratung hervorgeholt werden soll. Es ist eine „Einführung" und muß Seite für Seite gewissenhaft durchgearbeitet werden. Jeder einzelne Abschnitt ist zum Verständnis der weiteren Ausführungen notwendig, weshalb auch der „Vorgeschrittene" nichts überschlagen soll.

Düsseldorf, im Februar 1937

Leopold Scheer

Inhaltsverzeichnis

1. Einleitung

Als *Stahl* bezeichnet man heute alle Eisenlegierungen – mit Ausnahme der nicht schmiedbaren hochkohlenstoffhaltigen Gußsorten wie Grauguß, Hartguß und Temperguß – ohne Rücksicht auf ihre Eigenschaften. Früher wurde als wesentliches Merkmal des Stahles die Härtbarkeit angesehen. Es gibt aber eine ganze Reihe von Stählen, die sich nicht härten lassen, die durch das Abschrecken aus hohen Temperaturen im Gegenteil sogar weicher, zäher werden.

Edelstähle werden vielfach solche Stähle genannt, die außer mit Kohlenstoff auch noch mit anderen Grundstoffen, z. B. mit Chrom, Nickel, Wolfram, Vanadin usw. legiert sind. Diese Begriffsbestimmung ist jedoch nicht erschöpfend und auch anfechtbar. Denn man wird einen reinen Kohlenstoffstahl, der sorgfältig erzeugt und auf dem ganzen Wege der Herstellung – vom Guß bis zum Versand – immer wieder gewissenhaft geprüft worden ist, zweifellos auch zu den Edelstählen rechnen müssen. Andererseits enthalten manchmal Massenstähle – auch als unbeabsichtigte Verunreinigungen – gewisse Mengen von Legierungselementen.

Das Richtige wird man treffen, wenn man die bei den großen Hüttenwerken in großen Mengen erzeugten billigen Stähle als Massenstähle bezeichnet, die von einem Edelstahlwerk mit Sorgfalt und unter schärfster Kontrolle hergestellten Stähle dagegen als Edelstähle.

Die billigen Massenstähle werden meistens nach Festigkeit verkauft, die Edelstähle dagegen nach dem Verwendungszweck und unter einer Markenbezeichnung.

Reines Eisen wird entweder auf elektrischem Wege (Elektrolyse) oder nach einem Sonderschmelzverfahren erzeugt. Am bekanntesten ist das Armco-Eisen (Abkürzung für American Rolling Mill Company), das einen Reinheitsgrad von etwa 99,8 % besitzt.

2. Der Kohlenstoff

Das wichtigste Legierungselement im Stahl ist der Kohlenstoff (chemisches Zeichen: C). Die Bedeutung dieses Grundstoffes wird klar, wenn man erfährt, daß die unlegierten Werkzeugstähle in den gewohnten Härtestufen „weich", „zäh", „mittelhart" und „hart"

Kohlenstoffgehalte von 0,65 bis 1,50 % haben, daß also diese großen Verschiedenheiten in der Härte innerhalb einer Spanne von nur etwa 0,8 % Kohlenstoff erscheinen.

Nun darf man sich die Sache aber nicht etwa so vorstellen, daß sich der Kohlenstoff als solcher über die ganze Eisenmasse gleichmäßig verteilt vorfindet. Es wird überraschen, daß sich im Stahl – wenigstens in den meisten der hier zu besprechenden Fälle – überhaupt kein Kohlenstoff im eigentlichen Sinne, d. h. in elementarer Form, findet.

Jedermann wird sich von der Schule her erinnern, daß bei einer chemischen Verbindung zweier oder mehrerer Grundstoffe ein völlig neuer Stoff mit ganz anderen Eigenschaften entsteht, der mit den ursprünglichen Grundstoffen aber auch nichts mehr gemein hat. So ist z. B. Wasserstoff (chemisches Zeichen: H) ein leicht brennbares Gas, mit dem man wegen seines geringen spezifischen Gewichtes Luftballone füllt. Sauerstoff (chemisches Zeichen: O) ist ein Gas, ohne das es kein Feuer gibt, ja das Verbrennen ist überhaupt nichts anderes als ein fortlaufendes Entstehen einer chemischen Verbindung des Sauerstoffes mit dem betreffenden brennbaren Stoff. Vereinigt sich nun Sauerstoff mit Wasserstoff zu einer solchen chemischen Verbindung, dann entsteht – Wasser (H_2O). Mit Wasser kann man natürlich keine Luftballone mehr füllen, man kann sie aber damit löschen, wenn sie Feuer gefangen haben, denn der neue Stoff ist ja selbst unbrennbar. Dieses einfache Beispiel soll nur in Erinnerung bringen, wie *grundlegend* die Eigenschaften zweier Elemente verändert werden, wenn sie sich zu einer chemischen Verbindung, also zu einem neuen (zusammengesetzten) Stoff vereinigen.

Genauso verhält es sich mit dem Kohlenstoff (C) im Stahl. Auch er ist nicht einfach mit dem Eisen (Fe) gemischt, sondern diese beiden Elemente Kohlenstoff und Eisen sind eine chemische Verbindung eingegangen und haben einen ganz neuen Stoff mit ganz anderen Eigenschaften gebildet, nämlich das *Eisenkarbid,* auch *Zementit* genannt, das die chemische Formel Fe_3C hat. Diese Formel besagt, daß an der Verbindung immer im gleichen Verhältnis 3 Teile Eisen (Fe) und 1 Teil Kohlenstoff (C) beteiligt sind.

In den meisten der für uns wichtigen Fälle ist es nun nicht der freie Kohlenstoff, sondern das Eisenkarbid, das im Stahl verteilt ist. Dennoch wird aber bei der Angabe der Zusammensetzung eines

Stahles nicht der Gehalt an diesem neuen Stoff, dem Eisenkarbid, angeführt, sondern der entsprechende Gehalt an Kohlenstoff.

Während das reine Eisen weich und bildsam – fast wie Kupfer – ist, zeichnet sich das Eisenkarbid durch große Härte und Sprödigkeit aus. Es ist daher zu erwarten und trifft auch zu, daß ein Stahl um so härter ist, je mehr von diesem harten Karbid in die Masse des reinen Eisens verteilt ist.

Die Verteilung des vorhandenen Eisenkarbids ist nicht regellos und zufällig, sondern unterliegt strenger Gesetzmäßigkeit, wie wir noch sehen werden.

3. Kleiner, unbeschwerter Ausflug in die Atomphysik

Wollen wir die später zu besprechenden Vorgänge und Veränderungen im Stahl richtig verstehen, dann müssen wir uns zuerst einmal mit der Frage beschäftigen, wie eigentlich die Materie aufgebaut ist.

Wie jeder weiß, sind die Stoffe aus Atomen zusammengesetzt. Die Natur baut aber nach anderen Grundsätzen und in anderen Formen als unsere biederen Maurermeister.

Der Unterschied beginnt schon bei der Gestalt der Bausteine: Die Atome sind nicht ziegel- oder quaderförmig, sondern haben nach unserer Vorstellung Kugelgestalt.

Ziegelsteine lassen sich ohne Zwischenräume schön aneinanderschichten, viele Abwechslungsmöglichkeiten in der Anordnung sind dabei jedoch nicht gegeben. Es wird einfach Ziegel an Ziegel gereiht und Stein auf Stein gesetzt. Das Ergebnis ist der *starre* Mauerkörper.

Kugelige Bausteine, wie wir uns die Atome vorstellen, können dagegen auch bei ganz regelmäßiger Anordnung die verschiedensten Stellungen zueinander einnehmen. Ein Beispiel ist in Abb. 1* (s. Bildanhang) dargestellt. Die Natur macht von diesen Möglichkeiten beim Bauen mit den Atomkugeln ausgiebig Gebrauch: *jeder Stoff hat einen anderen Atomaufbau.* Mit Hilfe der Röntgenstrahlen kann man ihn ohne Schwierigkeiten studieren und die Lage der einzelnen Atome genau bestimmen. Will man die Atomanordnung eines Stoffes graphisch darstellen, dann zeichnet man die Atomkugeln am besten nicht voll aus; es würde die klare Übersicht beeinträchtigt – hintereinanderliegende Kugeln wären teilweise oder ganz verdeckt. Besser

---

* Von Herrn Prof. WEVER, Eisenforschungsinstitut, Düsseldorf, freundlichst zur Verfügung gestellt.

bezeichnet man nur die Lage der Atom*zentren* durch Punkte, wie es in Abb. 2 geschehen ist, und verbindet sie durch Linien. Auf diese

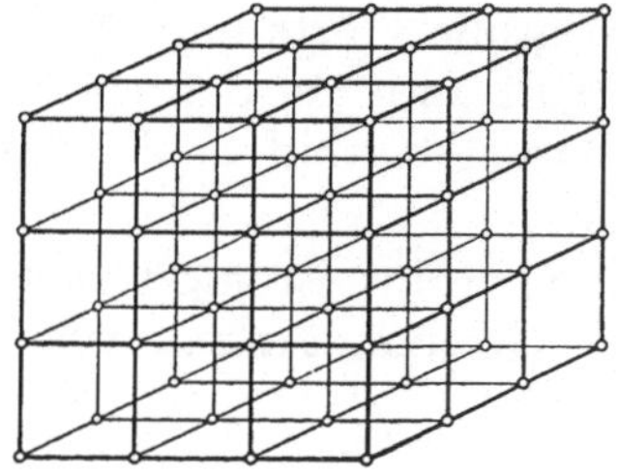

Abb. 2. Raumgitter. Übersichtliche schematische Darstellung. Nur die Atomzentren sind durch Punkte bezeichnet und durch Linien miteinander verbunden. Die Stellung eines jeden einzelnen Atoms im Raum ist klar erkennbar.

Weise wird die Stellung aller Atome im Raum klar und eindeutig erkennbar. Man erhält damit räumliche Gittergebilde und spricht auch tatsächlich von „Raumgittern".

Es ist weiter nicht verwunderlich, daß bei jeder Stoffart die Atome anders angeordnet sind, d. h. daß jeder Stoff ein anderes „Raumgitter" aufweist. Merkwürdiger und folgenschwerer ist, daß auch bei einem und demselben Stoff, z. B. beim Eisen, mehrere Gitterformen auftreten und infolge äußerer Umstände einander abwechseln können. Die Atome sind also keineswegs so starr aneinandergefügt wie die Ziegel im Mauerwerk. Möglich wird dies unter anderem auch schon dadurch, daß jede Art von „Mörtel" bei dieser Bauweise fehlt. Die Atome sind nicht miteinander verkittet, der Zusammenhalt wird vielmehr durch große Anziehungskräfte bewirkt, die auf jedes einzelne Atom von allen Seiten durch die Nachbaratome ausgeübt werden; so bleibt trotz gewisser Abstände der Zusammenhang der Stoffe gewahrt.

4. Das Raumgitter des Eisens

Für unseren Zweck interessiert vor allem, daß das reine Eisen (Fe) im festen Zustande bei Raumtemperaturen (20°)[1] ein *raumzentriertes* und bei hohen Temperaturen ein *flächenzentriertes* würfeliges Gitter aufweist. Abb. 3 stellt die beiden Formen dar, und zwar nur je einen vollständigen Raumwürfel, aus dem Gitter herausgelöst.

Beim raumzentrierten Gitter des Eisens, also bei gewöhnlicher Temperatur, sitzt je ein Eisenatom, wie aus Abb. 3, linke Figur,

---

[1] Alle Temperaturangaben verstehen sich in Celsiusgraden.

ersichtlich ist, an den acht Ecken und außerdem ein neuntes Atom in der Mitte – im „Zentrum" des Würfel*raumes*, daher die Bezeichnung „raumzentriert". Beim Erwärmen erfährt diese Anordnung bis 911° keine wesentliche Änderung. Bei dieser Temperatur jedoch ändern die einzelnen Atome wie auf ein Kommando kaleidoskopartig ihre Stellung zueinander, das Ganze „klappt um", und aus dem „raumzentrierten" Gitter wird ein „flächenzentriertes". Wieder sitzt je ein Eisenatom an den acht Ecken des Gitterwürfels, das Zentrum des Würfels ist aber jetzt frei, der Gitter*raum* ist ganz leer. Dagegen sitzt in der Mitte – im Zentrum einer jeden der sechs Würfelseiten (Flächen) – je ein Eisenatom; das Gitter ist jetzt „flächenzentriert" (Abb. 3, rechte Figur).

Der „raumzentrierte" Gitterwürfel besteht, wie aus dem Vorgesagten und aus Abb. 3 hervorgeht, aus neun Atomen (je eines im

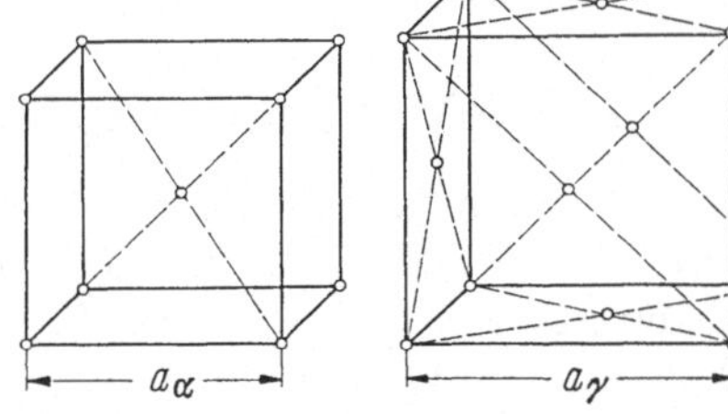

Abb. 3.

Atomaufbau des α- und γ-Eisens [1]

$a_\alpha = 2{,}86$ Å bei Raumtemperatur

$a_\gamma = 3{,}64$ Å bei 911°

Raumzentrum und an den acht Ecken), der „flächenzentrierte" Würfel aber aus vierzehn Atomen (sechs in den Seitenflächen und acht an den Ecken). Da durch das bloße Erwärmen auf 911° natürlich keine Vermehrung der Atome bewirkt wird, kann der Ausgleich nur erfolgen, indem der „flächenzentrierte" Würfel mehr Raum einnimmt. Nach dem „Umklappen" wird also die gleiche Eisenmasse aus weniger Raumwürfeln bestehen, von denen aber jeder einzelne größer und aus mehr Atomen zusammengesetzt ist. Die Gesamtzahl aller Atome muß selbstverständlich vor und nach dem „Umklappen" gleich sein.

Das „raumzentrierte" Eisen wird Alpha-Eisen genannt, das auf 911° und darüber erhitzte „flächenzentrierte" dagegen Gamma-Eisen (Alpha ist die Aussprache für den griechischen Buchstaben α = a,

---

[1] Die Abb. 3, 4, 6—9, 11, 13, 17, 21—25, 27 und 32—36 sind aus F. Rapatz: Die Edelstähle, 2. Auflage, Berlin: Springer 1934, bzw. 5. Auflage, Berlin/Göttingen/Heidelberg: Springer 1962, entnommen.

Gamma für den griechischen Buchstaben $\gamma = g$. Meistens schreibt man einfach α-Eisen, γ-Eisen). Bei noch weiterer Erwärmung, und zwar bei 1392°, klappt das „flächenzentrierte" Gamma-Eisen wieder in ein „raumzentriertes" um, das jetzt als Delta-Eisen bezeichnet wird (Delta ist die Aussprache für den griechischen Buchstaben $\delta = d$). Beim Abkühlen spielen sich natürlich die gleichen Vorgänge in umgekehrter Reihenfolge ab. Ausdrücklich bemerkt sei jedoch, daß die angeführten Temperaturen alle unter dem Schmelzpunkt liegen, daß also die geschilderten Umwandlungen *im festen Zustande* erfolgen.

Es ist unbedingt notwendig, daß man die Anschauung von dem „Umklappen" des Atomgitters von einer in die andere Form (Phase), wie es durch Erhitzen des Eisens auf entsprechende Temperaturen und umgekehrt durch Abkühlen ausgelöst wird, sich zu eigen macht. Nur dann kann man die einschneidenden Veränderungen und überhaupt das *Wesen* von „Stahl und Eisen" verstehen.

5. Die Verteilung des Kohlenstoffs im Stahl

Eisen ist ein kristallisierter Stoff wie jedes Metall im festen Zustand. Durch das Mikroskop kann man die einzelnen Kristalle ohne weiteres erkennen – zum Unterschied vom Raumgitter, dessen Maschenausdehnungen unvorstellbar klein sind und auch im stärksten Mikroskop nicht beobachtet werden können. Die Eisenkristalle sind ungleichmäßig und unregelmäßig, weil sie sich gegenseitig an der vollen Ausbildung bei der Erstarrung hindern. Bei reinem Eisen haben sie bei der Betrachtung durch das Mikroskop etwa die aus Abb. 4 (s. Bildanhang) ersichtliche Gestalt. Dieses Gefüge nennen wir *Ferrit* (lateinisch: ferrum = Eisen).

Vom Kohlenstoff wissen wir bereits, daß er mit dem Eisen eine chemische Verbindung nach der Formel Fe_3C eingeht. Der Formel entsprechend wird jedes einzelne Atom des in einem bestimmten Stahl vorhandenen Kohlenstoffs aus der Eisenmasse je drei Eisenatome herausziehen und zu Karbid abbinden. Je höher also der Kohlenstoffgehalt eines Stahles ist, desto mehr Eisen ist chemisch gebunden, desto weniger freies Eisen bleibt übrig.

Das entstandene Eisenkarbid lagert sich in einem ganz bestimmten Mengenverhältnis in Form dünner Platten in die Eisenkristalle ab. Abb. 5 (s. Bildanhang) zeigt einen solchen einzelnen Kristall, der gleichmäßig von Karbidplatten durchzogen ist. Der Kohlenstoffgehalt eines derartig durchsetzten Kristalls ist etwa 0,80 %. Demgemäß werden bei einem Stahl mit 0,80 % Kohlenstoff gerade alle Kristalle mit Karbidplatten einheitlich durchzogen sein. Diese gleichmäßige Gefügeausbildung nennen wir *Perlit*. Durch das Mikroskop betrachtet zeigt das Perlitgefüge fingerabdruckähnliche Zeichnungen (Abb. 6, s. Bildanhang).

Da der Kohlenstoffgehalt des einzelnen Perlitkorns bei den Kohlenstoffstählen immer 0,80 % beträgt, so wird er bei einem Stahl mit *weniger* als 0,80 % C nicht für sämtliche Kristalle ausreichen. In einem solchen Stahl wird man daher neben den Perlitkörnern auch noch Kristalle aus kohlenstoffarmem Eisen, also Ferritkristalle, finden (Abb. 7, s. Bildanhang).

Bei einem Stahl mit *mehr* als 0,80 % Kohlenstoff sind alle Kristalle mit Karbidplatten versorgt, wozu aber nur 0,80 % notwendig sind, so daß also noch reines Eisenkarbid übrigbleibt. Dieses überschüssige Karbid lagert sich *zwischen* die Perlitkörner netzförmig oder vielmehr schalenförmig ab, so daß die Kristalle selbst einander nicht mehr berühren (Abb. 8, s. Bildanhang).

Wenn schon beim Perlitgefüge die Karbidplatten den Kristallen und damit dem Stahl selbst eine gewisse Versteifung und Härte geben, so ist dies noch mehr der Fall bei einem Stahl mit mehr als 0,80 % Kohlenstoff, bei dem das Schalennetz aus reinem, hartem Karbid außerordentlich versteifend wirkt. Je höher der Kohlenstoffgehalt steigt, desto dicker wird das Karbidschalenwerk, während die von ihm umschlossenen Perlitkörner gleichbleibend 0,80 % Kohlenstoff aufweisen. Das Wachsen der Schalendicke setzt sich bis zu einem Kohlenstoffgehalt von 2,06 % fort und hört dann plötzlich auf. Ein weiterer Zusatz von Kohlenstoff hat keine Wirkung mehr auf die Schalenstärke und natürlich auch nicht auf die umschlossenen Perlitkörner. Der über 2,06 % hinaus überschüssige Kohlenstoff ballt sich vielmehr zu groben Karbidkörpern zusammen, die dann mehr oder weniger unregelmäßig in die Grundmasse eingestreut sind (Abb. 9, s. Bildanhang).

6. Das Eisen-Kohlenstoff-Diagramm

Nachdem wir uns im Vorausgegangenen mit den einfachsten Grundvorstellungen und Begriffen der Gefügelehre vertraut gemacht haben, können wir uns jetzt dem sog. Eisen-Kohlenstoff-Diagramm zuwenden (Abb. 10). An diesem „Zustandsschaubild" kann man ablesen, in welchem Gefügezustand sich Stähle verschiedenen Kohlenstoffgehaltes bei irgendeiner Temperatur befinden, soweit es sich nicht um später zu besprechende Zwangszustände handelt. Diese graphische Übersicht ist für die gesamte Wärmebehandlung von größter Bedeutung, und wir müssen uns daher wenigstens mit dem wichtigsten

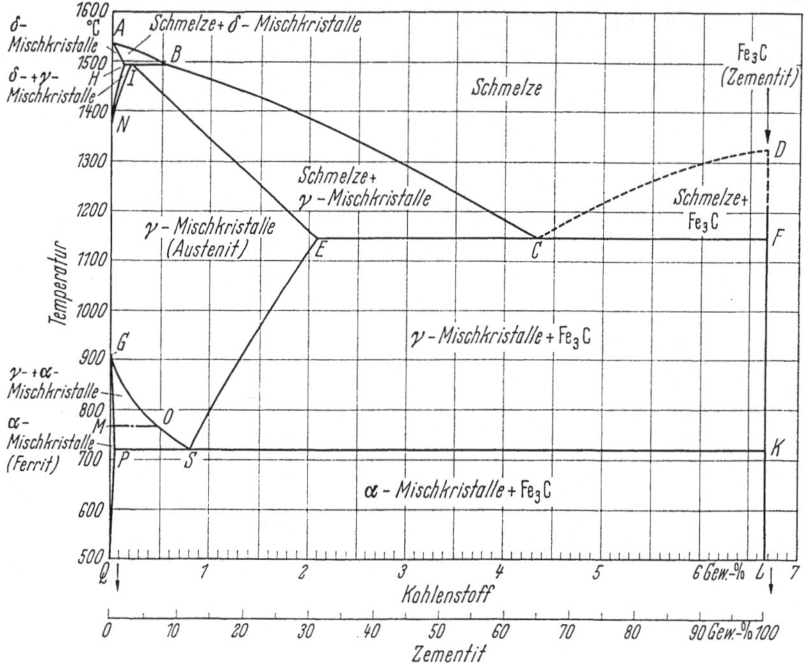

Abb. 10. Eisen-Kohlenstoff-Diagramm

Teilausschnitt aus dem Diagramm etwas genauer auseinandersetzen. Die nachfolgenden Ausführungen, die zum Teil schon Bekanntes wiederholen und zusammenfassen, wollen wir genau an Hand des Diagramms verfolgen [1].

Auf der Grundlinie, die wir Abszisse nennen, sind — von links nach rechts steigend — die Gehalte an Kohlenstoff und darunter zum Vergleich die Gehalte an dem entsprechenden Eisenkarbid angegeben. Der Anfangspunkt der Abszisse trägt die Ziffer 0 und bezeichnet also den Standpunkt des reinen Eisens mit 0 % Kohlen-

---

[1] Um dem Leser das lästige Zurückschlagen zu ersparen, wurde am Schluß des Buches das Diagramm nochmals aufklappbar beigegeben.

stoff. Das Aussehen des Gefüges des reinen Eisens bei Raumtemperatur kennen wir bereits von Abb. 4 her, und wir haben diese Gefügeform im vorhergehenden Abschnitt Alpha-Eisen genannt.

Wenn wir auf der Grundlinie – der Abszisse – nach rechts wandern, gesellt sich zum reinen Eisen in steigendem Ausmaße der Kohlenstoff in Form der uns schon bekannten chemischen Verbindung Fe_3C – als Eisenkarbid. Immer größer wird die Zahl jener Eisenkristalle, die in der uns schon geläufigen Weise von Karbidplatten durchzogen sind, bis wir bei 0,80 % C zum Standort eines Stahles kommen, bei dem *sämtliche* Kristalle mit Platten durchsetzt sind. Dieses Gefüge haben wir im Abschnitt 5 mit Perlit bezeichnet (Abb. 6). Solcher Stahl wird auch eutektoider Stahl genannt. Die sog. *unter*eutektoiden Stähle – also die Kohlenstoffstähle mit C-Gehalten zwischen 0 und 0,80 % – bestehen aus einem mit dem Kohlenstoffgehalt wechselnden Gemisch von Ferrit- und Perlitkörnern. Abb. 7 zeigt z. B. das Gefüge eines Stahles mit etwa 0,60 % Kohlenstoff. Bei den *über*eutektoiden Stählen – bei den Stählen mit mehr als 0,80 % C – enthalten die einzelnen Kristalle selbst 0,80 % in der bekannten Plattenform, der darüber hinausgehende Kohlenstoff lagert sich dagegen in der Form von reinem Eisenkarbid *zwischen* die Perlitkörner netz-schalen-förmig ab (Abb. 8). Je mehr wir im Diagramm nach rechts gehen, d. h. je mehr der Kohlenstoffgehalt der Stähle steigt, desto mehr wächst auch die Dicke des zwischengelagerten Schalenwerks, während der Kohlenstoffgehalt der Kristalle selbst unverändert 0,80 % bleibt. Bei 2,06 % C hört das Wachsen der Schalendicke auf.

Wir unterbrechen jetzt unsere Wanderung in der Ebene und sehen uns einmal an, welche Veränderungen *beim Erwärmen* der Stähle eintreten. Links neben unserem Schaubild sind in senkrechter Richtung die Temperaturen angegeben. Wir nennen diese senkrechten Linien mit den Temperaturangaben für die verschiedenen Kohlenstoffgehalte Ordinaten.

Wir beginnen unsere Höhenwanderung beim Standort des reinen Eisens mit 0 % Kohlenstoff. Wenn wir mit der Temperatur steigen, ereignet sich vorerst nichts Besonderes. In den niedrigen Temperaturbereichen kennen wir das Eisen bereits als raumzentriertes Alpha-Eisen. Es ist magnetisch. Erst bei 768° verliert es den Magnetismus, d. h. es läßt sich von einem Magneten nicht mehr anziehen – es wird zum „unmagnetischen Alpha-Eisen". Früher nannte man es

Beta-Eisen (Beta ist die Aussprache für den griechischen Buchstaben β = b). Man hat aber die Bezeichnung Beta-Eisen fallen lassen, seitdem man weiß, daß mit dem Erreichen dieser Temperatur – vom Verlust des Magnetismus abgesehen – keine besonderen Veränderungen des Gefügeaufbaues des Eisens verbunden sind. Dennoch erhält dieser Temperaturpunkt in unserem Zustandsschaubild als eine Art Höhenmarke den Buchstaben M, und wir nennen ihn den Haltepunkt A_2 – einen Haltepunkt A_1 gibt es beim reinen Eisen nicht [1].

Wird die Erwärmung fortgesetzt, dann kommt plötzlich bei 911° das uns schon bekannte Kommando „Umklappen!", und das raumzentrierte Gitter des Alpha-Eisens stellt sich in das flächenzentrierte des Gamma-Eisens um (Abb. 3). Wir haben jetzt die Gefügeform des *Austenits* vor uns (Abb. 11, s. Bildanhang). Dem Temperaturpunkt von 911° geben wir als Höhenmarke den Buchstaben G (vgl. das Diagramm!) und die Bezeichnung Haltepunkt A_3.

Bei weiterer Steigerung der Temperatur ändert sich vorerst wieder nichts, nur die Größe der Austenitkristalle nimmt zu. Bei 1392° = Haltepunkt A_4 (im Diagramm Buchstabe N) kommt abermals das Kommando „Umklappen!", das flächenzentrierte Austenitgitter stellt sich wieder in ein raumzentriertes Gitter um, und es entsteht das Delta-Eisen. Der Bereich dieser Gefügeform erstreckt sich bis 1536°, bei welcher Temperatur dann das reine Eisen schmilzt (Buchstabe A).

Beim Abkühlen treten die gleichen Erscheinungen in umgekehrter Reihenfolge auf.

Das geschilderte „Umklappen" des Raumgitters vom Alpha- in das Gamma-Eisen, von diesem in das Delta-Eisen und umgekehrt erfolgt beim reinen Eisen – also ohne Kohlenstoff und andere Legierungselemente – mit einer Leichtigkeit und Exaktheit, die

---

[1] Der Ausdruck „Haltepunkt" ist damit zu erklären, daß an einem solchen Temperaturpunkt bei weiterer Wärmezufuhr oder weiterem Wärmeentzug die Temperatur des Stahles so lange auf gleicher Höhe stehenbleibt, bis sich die begonnene Änderung der Eigenschaften oder auch des inneren Aufbaues gänzlich vollzogen hat. Die Haltepunkte werden mit dem Großbuchstaben A (von arrêt = Halt) und der entsprechenden Indexziffer 1, 2, 3, 4 bezeichnet. Häufig setzt man nach dem Großbuchstaben A noch einen der beiden Kleinbuchstaben c und r und zeigt damit an, daß man zu dem Punkt durch Erwärmen (c = chauffage) aus niedrigeren Temperaturen oder durch Abkühlen (r = refroidissement) aus höheren Temperaturen gekommen ist, z. B. Ac_2, Ar_3. Die Haltepunkte beim Erwärmen und beim Abkühlen fallen nicht genau zusammen.

nichts zu wünschen übrig läßt. Die Schnelligkeit des Erwärmens oder Abkühlens spielt in diesem Falle überhaupt keine Rolle.

In gleicher Weise wollen wir nun – immer an Hand des Diagramms – beobachten, welche Wirkung mit der Erwärmung bei einem Stahl mit 0,80 % Kohlenstoff verbunden ist, d. h. bei einem Stahl, der in seiner ganzen Masse gleichmäßig aus plattendurchzogenen Perlitkörnern besteht. Auf der Grundlinie suchen wir den Standort der genannten Konzentration von 0,80 % und steigen dann, der senkrechten Ordinate entlang, mit der Temperatur nach oben. Bis 723° geschieht nichts von Bedeutung. Bei dieser Temperatur spielt sich aber ein ganz neuer Vorgang ab: Das Eisenkarbid, also die chemische Verbindung Fe_3C, löst sich in dem Eisen auf. Um das besser zu verstehen, greifen wir auf unsere Anschauung vom Raumgitter zurück. Der bei tieferen Temperaturen beständige raumzentrierte Ferrit wandelt sich jetzt infolge der Beeinflussung durch den anwesenden Kohlenstoff schon bei 723° (Buchstabe S) in den flächenzentrierten Austenit um, d. h. der Haltepunkt A_3 ist von 911° auf 723° gesunken. Bei dieser Alpha-Gamma-Umwandlung wird, wie wir schon wissen, im Gitter der Würfelraum frei, und in diesen leeren Raum hinein löst sich der Kohlenstoff auf. Mit anderen Worten: das Kohlenstoffatom, das sich vorher irgendwo an den Würfelgrenzen befunden hat, sitzt jetzt mitten im flächenzentrierten Gamma-Würfel. · Diesen Zustand bezeichnet man als feste Lösung (Austenit). Ein Stahl in diesem Zustandsbereich ist unmagnetisch, d. h. ein austenitischer Stahl wird von Magneten nicht angezogen. Der einzelne Austenitkristall wird in diesem Falle Mischkristall genannt, weil sich in ihm Kohlenstoff in fester Lösung befindet.

Gehen wir mit der Temperatur höher, dann schneidet unsere Ordinate – die Senkrechte über 0,80 % – bei etwa 1370° eine Kurvenlinie, die sog. *Soliduslinie* (lateinisch: solidus = fest). Bei Überschreiten dieser Temperatur beginnt der Stahl allmählich zu schmelzen. Je mehr wir die Temperatur steigern, desto flüssiger wird der zuerst teigige Brei, bis beim Erreichen der nächsten Kurvenlinie, der *Liquiduslinie* (lateinisch: liquidus = flüssig) – in unserem augenblicklichen Fall bei etwa 1470° –, der gesamte Stahl flüssige Schmelze ist. Unterhalb der Soliduslinie ist alles fest, oberhalb der Liquiduslinie ist alles flüssig, dazwischen eine teigige Masse.

An diesem Beispiel haben wir gesehen, daß durch das Hinzukommen des Kohlenstoffs der Umwandlungspunkt A_3 (Alpha-

Gamma-Umwandlung), der doch beim reinen Eisen bei 911° liegt, wesentlich gesenkt wird, und zwar auf 723°. Auch der Schmelzpunkt erfährt eine Senkung; ein Punkt ist er eigentlich gar nicht mehr, denn das Schmelzen erfolgt jetzt über einen ganzen Temperaturbereich von etwa 1370 bis 1470° (s. Diagramm!).

Und noch etwas Wichtiges stellen wir fest: Bei der Umwandlung von Ferrit in Austenit und vor allem umgekehrt bei der Umstellung von Austenit in Ferrit ist jetzt bei Anwesenheit des Kohlenstoffs die Schnelligkeit der Temperaturänderung nicht mehr nebensächlich, wie wir es beim reinen Eisen gesehen haben. Jetzt ist vielmehr für das ordnungsmäßige Umstellen eine bestimmte, wenn auch kleine „Mindestzeit" erforderlich. Dies ist auch verständlich, wenn man bedenkt, daß jetzt bei der Umwandlung beispielsweise vom Alpha- in das Gamma-Eisen ein doppelter Vorgang stattfindet: Einerseits wandert das beim Alpha-Eisen im Mittelpunkt des Raumwürfels sitzende Eisenatom beim Umklappen in das flächenzentrierte Gamma-Eisen aus dem Würfelzentrum heraus, andererseits löst sich gleichzeitig das Kohlenstoffatom in den Gitterwürfel hinein. Bei diesem Stellungswechsel tritt eine gewisse gegenseitige Behinderung der Eisen- und Kohlenstoffatome auf, deren Überwindung eben eine bestimmte Mindestzeit erfordert.

Nachdem wir nun kennengelernt haben, in welcher Weise sich die Umwandlungsvorgänge sowohl beim reinen Eisen als auch beim reinen Perlit, d. h. beim Stahl mit 0,80 % Kohlenstoff, abspielen, interessieren uns noch die Vorgänge bei den gemischten Gefügeformen, also bei den Stählen mit weniger und mit mehr als 0,80 % Kohlenstoff. Wir wissen schon, daß ein Stahl mit weniger als 0,80 % Kohlenstoff – wir haben ihn untereutektoid genannt – zum Teil aus plattendurchsetzten Perlitkörnern und zum anderen Teil aus Ferritkristallen besteht. Wir greifen den Stahl mit 0,40 % C heraus, der etwa zur Hälfte aus Ferrit- und zur anderen Hälfte aus Perlitkörnern besteht, und beginnen wieder im Diagramm unsere Wanderung nach oben. Es ändert sich nichts bis 723°. Bei dieser Temperatur zerfallen *innerhalb eines jeden einzelnen Perlitkornes* die Karbidplatten, und der Kohlenstoff löst sich in das Gitter hinein auf, das sich gleichzeitig von der Alpha- in die Gamma-Anordnung umgestellt hat. Innerhalb der einzelnen Perlitkörner vollzieht sich also bei unserem Stahl mit 0,40 % Kohlenstoff die gleiche Umwandlung, die sich im vorhergehenden Beispiel – beim reinen Perlit – über die ganze Masse des Stahles vollzogen hat. Diese Umwandlung der *einzelnen* Perlitkörner erfolgt bei *jedem* Kohlenstoffstahl *bei der gleichen Temperatur von 723°*, weshalb wir diesen Temperaturpunkt den *Perlitpunkt* nennen und mit A_1 bezeichnen. Im Gegensatz zum reinen Perlit besteht aber in unserem jetzigen Beispiel der Stahl mit 0,40 % Kohlenstoff, wie wir wissen, nur zur Hälfte aus Perlitkörnern; die andere Hälfte sind reine Ferritkristalle, die dann mit steigender Temperatur von den umgewandelten Perlitkristallen, die wir jetzt schon Austenitkristalle nennen müssen, aufgesaugt werden. Dieses „Aufsaugen" ist nichts weiter als eine Vereinigung mehrerer kleiner zu größeren Kristallkörnern. Bei etwa 770° ist das Aufsaugen beendet, d. h. es sind alle ehemaligen Ferritkristalle in die umgewandelten Perlitkörner aufgegangen, und wir haben reinen, antimagnetischen Austenit vor uns. Im Diagramm ist das der Schnittpunkt der senkrechten Ordinate des Stahles von 0,40 % C mit der schief abfallenden Linie *G–O–S*. Bei weiterer Temperatursteigerung schneidet diese Ordinate dann bei etwa 1450° die Soliduslinie, bei welcher der Stahl zu schmelzen beginnt, und erreicht weiter bei etwa 1500° die Liquiduslinie, an welcher der ganze Stahl geschmolzen ist.

Ganz ähnliche Vorgänge spielen sich bei den Stählen mit mehr als 0,80 % Kohlenstoff ab, d. h. bei den übereutektoiden Stählen: Bei 723° – dem Perlitpunkt – wandeln sich die einzelnen Perlitkristalle wieder jeder für sich in Austenitkristalle um, die dann mit steigender Temperatur das Karbidschalenwerk allmählich aufsaugen. (Bei den untereutektoiden Stählen waren es an Stelle des Karbidnetzes die reinen Ferritkristalle, die aufgesaugt wurden.) An der Linie *S–E* ist dieses Aufsaugen beendet, und wir haben wieder die gleichmäßige feste Lösung – reinen, antimagnetischen Austenit – vor uns. Erreichen wir mit der weiter zunehmenden Temperatur die Soliduslinie, dann beginnen natürlich auch die übereutektoiden Stähle zu schmelzen, und bei den Temperaturen der Liquiduslinie sind die Stähle jeder Konzentration geschmolzen.

Die wichtigsten Linien im ganzen Zustandsschaubild sind für uns die Linien *G–O–S* und *S–E*, oberhalb welcher sich die Stähle in fester Lösung, also im austenitischen Zustand befinden.

Betrachten wir nochmals unser Diagramm, so stellen wir fest, daß bei dem Punkte *E*, der bei einer Temperatur von etwa 1147° liegt, der Gehalt des Austenits an gelöstem Kohlenstoff am größten ist. Wenn wir von diesem Punkte *E* eine senkrechte Linie nach unten ziehen, dann können wir an der Grundlinie diesen Gehalt mit 2,06 % ablesen. Der Austenit kann demnach verschiedene Mengen von Kohlenstoff, allerhöchstens aber 2,06 % lösen.

Wie wir schon wissen, ist diese Konzentration von 2,06 % Kohlenstoff gleichzeitig jene, bei welcher das Karbidschalenwerk bei gewöhnlicher Temperatur die größte Schalendicke erreicht hat. Bei einem Gehalt von mehr als 2,06 % erscheint der überflüssige Kohlenstoff, wie erinnerlich, in Form gröberer, harter Karbidkörner, die in das Gefüge hinein verstreut sind. Solch hochgekohltes Eisen nennt man *ledeburitisch*. Es zeichnet sich durch hohe Härte aus.

Den wichtigsten Teilausschnitt des Eisen-Kohlenstoff-Diagramms – mit den Kohlenstoffgehalten von 0 bis 2 % und bei Temperaturen bis über die Umwandlungslinien *G–O–S–E* – sehen wir in Abb. 12 (s. Bildanhang) gefügemäßig dargestellt. Die Abbildung ist aus einzelnen Säulen zusammengesetzt, von denen jede das Gefüge des Stahles mit dem darunter angegebenen Kohlenstoffgehalt darstellt. Die verschiedenen Gefügenormen sind deutlich zu unterscheiden. Ganz links sehen wir die Säule, welche der Ordinate über dem Nullpunkt im Diagramm entspricht; es sind die Ferritkristalle des kohlenstofffreien Eisens, die sich bis 911° nicht ändern und bei dieser Temperatur in den schwarz gezeichneten Austenit umklappen. In der zweiten Säule mit 0,10 % Kohlenstoff finden sich im Gefüge schon einzelne kleinere Perlitkörner – ihre Schraffierung stellt die bekannten Karbidplatten dar. Beim Perlitpunkt (723°) wandeln sich die Perlitkristalle – jeder für sich – in Austenitkristalle um, die bei fortschreitender Tempersteigerung immer mehr die Ferritkristalle aufsaugen, bis wir beim Erreichen der Linie *G–O–S* wieder den ganz gleichartigen, schwarz gezeichneten Austenit sehen. Je mehr wir nach rechts gehen, desto größer und zahlreicher werden die Perlitkörner, die „in sich" alle beim Perlitpunkt von 723° in Austenit aufgehen und in der Folge die Ferritkristalle aufsaugen; desto weniger zahlreich werden aber auch die reinen Ferritkristalle, weshalb sie auch schneller und früher aufgesaugt sind – die A_3-Linie sinkt, genau wie im Diagramm selbst auch. Bei der Säule mit 0,80 % Kohlenstoff besteht das ganze Gefüge nur mehr aus Perlitkörnern – aufzusaugende Ferritkristalle sind nicht mehr vorhanden. Beim Perlitpunkt klappt daher das ganze Gefüge auf einmal um, so daß in dieser Säule der schwarz gezeichnete Austenit schon bei 723° voll erscheint. Noch weiter rechts treten neben den Perlitkörnern wieder weiß gezeichnete Anteile auf. Jetzt stellen aber diese weißen Teile nicht mehr Ferritkristalle dar, sondern sie bezeichnen das Schalenwerk des reinen Eisenkarbids Fe_3C. Der Vorgang beim Erwärmen ist auch hier der gleiche: Beim Perlitpunkt wandeln sich die einzelnen Perlitkörner in schwarz gezeichnete Austenitkristalle um, die mehr und mehr jetzt das Karbidschalenwerk aufsaugen, bis beim Erreichen der schief ansteigenden Linie $S–E$ wieder reiner Austenit vorliegt.

An dieser bildlichen Darstellung läßt sich gut erkennen, wie die schraffierten, von Karbidplatten durchzogenen Perlitkörner bei allen Säulen, d. h. bei allen Kohlenstoffgehalten, nur bis zur gleichen Temperaturhöhe von 723° – bis zum Perlitpunkt – reichen. Dagegen sind die Begrenzungslinien des vollendeten Austenits – die Linien $G–O–S$ und $S–E$ – fallend und steigend, je nachdem ob mehr oder weniger Ferritkristalle bzw. Schalenzementit aufzusaugen sind. Mit anderen Worten: der A_1-Punkt liegt immer bei 723°, der A_3-Punkt dagegen – der wichtigste Punkt der vollendeten Umwandlung, wo der reine gleichartige Austenit beginnt – ist in seiner Höhe vom Kohlenstoffgehalt abhängig. Dies muß bei der Wärmebehandlung berücksichtigt werden.

7. Die Wärmebehandlung
(Nutzanwendung des Eisen-Kohlenstoff-Diagramms)

Im vorhergehenden Abschnitt haben wir eine Übersicht erhalten über jene Veränderungen des Gefüges der Kohlenstoffstähle [1], die bedingt sind durch – nicht zu schnelle, aber auch nicht zu langsame – Veränderungen der Temperatur. Durch besonders schnelles, aber auch durch ungewöhnlich langsames Ändern der Temperaturen können wir *noch andere Zustände* herbeiführen, die besondere Eigenschaften mit sich bringen. Wir nennen diese Beeinflussung der Zustandsausbildung, wodurch bestimmte Eigenschaften hervorgerufen werden sollen, die *Wärmebehandlung* des Stahles und teilen sie ein in *Glühen, Härten* und *Vergüten.*

A. Das Glühen der Stähle

Durch das Glühen der Stähle kann man verschiedene Ziele erreichen.

---

1 Als Kohlenstoffstähle bezeichnet man jene Stähle, die neben ihrem Gehalt an Kohlenstoff beabsichtigte Zusätze von weiteren Legierungselementen nicht aufweisen. Man nennt sie deshalb auch unlegierte Stähle.

Wir unterscheiden:

   a) Weichglühen,

   b) Normalglühen (Normalisieren),

   c) Spannungsfreiglühen.

a) Weichglühen (auf körnigen Zementit glühen). Nach den früheren Ausführungen bestehen die Perlitkörner aus weichem Eisen, das von harten Karbidplatten durchzogen ist. Bei den Stählen mit mehr als 0,80 % Kohlenstoff fanden wir die Perlitkörner außerdem noch von Karbidschalen umschlossen, die sich zu einem harten und starren Schalenwerk verketten. Es ist klar, daß eine solche Anordnung des Karbids jeder Kaltbearbeitung, insbesondere dem Hobeln, Drehen, Fräsen usw., einen erheblichen Widerstand entgegensetzt. Im Weichglühen haben wir nun ein Mittel, die Anordnung und Verteilung des Karbids (Zementits) günstiger zu gestalten.

Wenn wir den Stahl knapp unter A_1 (723°) glühen – man kann auch um diese Temperatur pendeln –, dann wird die geschilderte Anordnung zerstört, und das Karbid ballt sich zu kleinen Kügelchen zusammen, die jetzt untereinander keinen oder nur lockeren Zusammenhang mehr haben und einzeln in die Grundmasse des weichen Eisens eingebettet sind. Auf diese Weise wird nicht nur das Karbid der Perlitplatten, sondern zum Teil auch das des Schalenwerks umgeformt, und diese günstige Gefügeausbildung bleibt auch beim Abkühlen auf Raumtemperatur erhalten. Eine Kaltbearbeitung ist jetzt ohne Schwierigkeiten möglich (Abb. 13, s. Bildanhang).

b) Normalglühen (Normalisieren). Wird ein Stahl zu lange und auf zu hohe Temperaturen (z. B. Weißglut) erhitzt, so wachsen die Kristalle derart, daß sich mehrere kleine zu größeren Kristallkörnern vereinigen. Einen solchen Stahl nennt man überhitzt.

Um überhitztem Stahl wieder ein *normales*, feineres Gefüge zu geben, wird er normalgeglüht (normalisiert). Das Normalglühen wird knapp oberhalb des Umwandlungspunktes A_3 vorgenommen, also über der Linie *G–O–S* im Diagramm, d. h. im Austenit-Bereich. Bei dieser Art des Glühens wird eine zweimalige Umwandlung bewirkt: beim Erwärmen von der Ferrit- in die Austenit-Phase und beim nachträglichen Abkühlen zurück von der Austenit- in die Ferrit-Phase. Durch die zweimalige Umwandlung erfolgt eine vollkommene „Umkristallisation", wir erhalten kleinere Kristalle, d. h. das angestrebte feinere Gefüge.

Der eigentliche Zweck des Normalglühens ist aber der, den Stahl, der vom Schmieden, Walzen oder Gießen her ein recht ungleichartiges Gefüge hat, zu „homogenisieren", d. h. ihm ein gleichartiges Gefüge zu verleihen.

c) Spannungsfreiglühen. Im gewalzten, geschmiedeten und kaltgezogenen Stahl sind manchmal bedeutende Spannungen vorhanden, die auf ungleichmäßiges Abkühlen oder auf eine Verformungsverfestigung zurückzuführen sind. Um diese Spannungen zu beseitigen, genügt ein Erwärmen auf über 600° mit nachfolgender langsamer Abkühlung, was man „Spannungsfreiglühen" nennt. Bei dieser Temperatur besitzt der Stahl nur mehr geringe Festigkeit, er ist weich, und die inneren Spannungen können sich leicht ausgleichen. Es tritt hierbei jedoch noch nicht das beim „Weichglühen" angestrebte kugelige Zusammenballen des Zementits auf.

B. Das Härten der Stähle

Vom Abschnitt 3 her kennen wir den Begriff des Raumgitters: Die Atome, aus denen die Materie aufgebaut ist, kleben nicht aufeinander, sondern sind durch Zwischenräume voneinander getrennt. Die Zwischenräume werden nach allen Seiten durch große Anziehungskräfte aufrechterhalten, die wie Drahtseile wirken und strengste Ordnung erzwingen. Wird diese Ordnung durch irgendwelche Einflüsse von außen her gestört, dann suchen die „Drahtseile" – die Anziehungskräfte – dies zu verhindern und die etwa aus der Reihe gedrängten Atome zurückzuzwingen. Es wird ein außerordentlich starkes Zerren und Ziehen hervorgerufen, d. h. es treten bedeutende Gitterspannungen auf und – unser Stahl ist damit gehärtet. (Härtung kann allerdings auch durch andere Vorgänge erfolgen, wie wir noch sehen werden.)

Gehärteter Stahl befindet sich somit in einem Zwangszustande, und gerade dieser ist es, der die Härte ausmacht. Wie entsteht aber dieser Zustand? Er kann absichtlich hervorgerufen werden durch geeignete Maßnahmen, die wir mit „Härten" bezeichnen. Er kann aber auch als – oft unerwünschte – Begleiterscheinung bestimmter Bearbeitungsvorgänge auftreten.

Wir unterscheiden folgende Arten von Stahlhärtung:

a) *Umwandlungshärtung*: Mehr oder weniger schroffes Abschrekken des Stahles aus dem Gebiete der festen Lösung des Kohlenstoffes, d. h. über *G–O–S*.

b) *Kalthärtung:* Begleiterscheinung vom Kaltwalzen, Ziehen, Kalthämmern u. dgl.

c) *Ausscheidungshärtung.*

a) Die Umwandlungshärtung. Im Gamma-Bereich (feste Lösung), also bei den Temperaturen über *G–O–S*, hat das Raumgitter des reinen Eisens die uns schon bekannte „flächenzentrierte" Anordnung, bei welcher das „Zentrum" des Würfelraumes frei von Eisenatomen ist. Bei Anwesenheit von Kohlenstoff ist dieser bei den hohen Temperaturen der festen Lösung in die Würfelräume hineingelöst. Das Kohlenstoffatom ist es also, das jetzt im Zentrum der Gitterwürfel sitzt. Nimmt die Temperatur langsam ab, dann wandelt sich das flächenzentrierte Gamma-Eisen in das raumzentrierte Alpha-Eisen um, d. h. es wandern Eisenatome in das Zentrum der einzelnen Würfel. Das dort sitzende Kohlenstoffatom muß den Platz räumen und setzt sich irgendwo an den Würfelkanten fest bzw. wird als Zementit ausgeschieden. Dieser Platzwechsel geht ohne Schwierigkeiten vor sich, wenn hierfür genügend Zeit zur Verfügung steht.

Wenn man aber den über A_3 erhitzten Stahl schroff abschreckt, etwa durch Eintauchen in kaltes Wasser, dann reicht die jetzt ganz wesentlich verkürzte Abkühlungszeit für die ordnungsmäßige Abwicklung des geschilderten Stellungswechsels nicht mehr aus. Wohl klappt das Gamma-Eisen in der gewohnten Weise in das Alpha-Eisen um, der behäbigere Kohlenstoff kommt aber nicht so schnell mit, und wenn die durch das Abschrecken rasch absinkende Temperatur bei etwa 250° angelangt ist, hört die Möglichkeit eines Stellungswechsels überhaupt auf. Das Kohlenstoffatom bleibt zwangsweise im Würfel eingeschlossen, obwohl dort doch eigentlich gar kein Platz mehr vorhanden ist, denn nach dem Umklappen sitzt ja, wie wir wissen, ein Eisenatom im Zentrum des Würfelraumes. Das raumzentrierte Eisenatom und das Kohlenstoffatom sind somit in dem engen Käfig des Würfelraumes zusammengepfercht; sie machen sich gegenseitig diesen Raum streitig, und eines sucht das andere durch die Würfelwände hindurchzudrücken. Doch das Gitter hat sich bei der niedrigen Temperatur solide geschlossen, und die beiden Atome bleiben zusammengepreßt. Dieser Zwangszustand macht aber die Härte aus.

Um die geschilderte Wirkung zu erzielen, muß die Temperatur sehr rasch mit der sog. „kritischen Abkühlungsgeschwindigkeit" sinken, die mehrere hundert Grad je Sekunde beträgt.

Das so entstehende Gefüge wird *Martensit* genannt. Im Mikroskop betrachtet stellt es sich als ein nadeliges Gebilde dar, wie es die Abb. 14 (s. Bildanhang) zeigt. Ganz fein ausgebildeter Martensit, bei dem die Nadeln kaum zu erkennen sind, wird auch *Hardenit* genannt (Abb. 15, s. Bildanhang).

Ist die Abkühlungsgeschwindigkeit nicht ganz so schnell, so beginnt zwar die Ausscheidung des Kohlenstoffs in Form von Karbid, der Vorgang bleibt aber in den Anfängen stecken. Durch das Mikroskop gesehen, zeigt ein derart behandelter Stahl sehr fein verteilten Plattenperlit, und wir nennen das Gefüge *Sorbit* (Abb. 16, s. Bildanhang).

Wird die Abkühlungsgeschwindigkeit etwas größer, ohne aber noch jene „kritische" zu erreichen, dann erhalten wir das aus Abb. 17 (s. Bildanhang) ersichtliche Gefüge, das den Namen *Troostit* führt. Dieser Zustand weist bereits eine größere Härte auf als der sorbitische, ergibt aber noch nicht die Vollhärte des Martensits.

Der oben angegebene Temperaturpunkt von etwa 250°, bei welchem das Kohlenstoffatom aus dem Gitter nicht mehr heraustreten kann, heißt der *Martensitpunkt*.

Wenn sich ein Stahl härten lassen soll, dann muß er einen gewissen Mindestgehalt an Kohlenstoff haben. Wir haben ja gesehen, daß die Härte nichts anderes ist als ein Zwangszustand, der durch das Zusammenpressen je eines Eisen- und Kohlenstoffatoms im engen Würfelraum entsteht. Als Grenze brauchbarer Umwandlungshärtbarkeit kann man etwa 0,40 % Kohlenstoff annehmen.

In diesem Zusammenhange ist zu erwähnen, daß beim Walzen, Schmieden und Glühen meistens eine gewisse Entkohlung der *Oberfläche* des Stahles auftritt, die dann beim Härten ungenügende Härte annimmt, weil ja kohlenstoffarmer Stahl nicht oder wenig härtet. Es ist daher notwendig, die Stahlabmessungen für Werkzeuge etwas größer zu bestellen, damit ein Abarbeiten der Randzonen des Stahles möglich wird und dadurch die entkohlte Oberflächenschicht entfernt werden kann.

Aus welcher Temperatur wird nun gehärtet? Die Härtetemperatur richtet sich nach dem Kohlenstoffgehalt. Der Grund dafür ist leicht einzusehen: Das Härten erfolgt aus dem Gebiet des flächenzentrierten Gamma-Eisens, die Temperatur darf jedoch nicht zu hoch über A_3 ansteigen, da sonst, wie wir wissen, der Stahl überhitzt wird. Richtig härtet man aus einer Temperatur etwa 40 bis 60° über dem A_3-Punkt, d. h. über der Linie G–O–S. Da diese Linie mit steigendem Kohlenstoffgehalt (bis 0,80 % C) fällt, so fällt damit auch die Härtetemperatur. Bei den übereutektoiden Stählen, also bei den Stählen mit mehr als 0,80 % Kohlenstoff, steigt man jedoch nicht längs der Linie S–E mit der Härtetemperatur wieder an. Das ist deshalb nicht notwendig, weil der übereutektoide Schalenzementit, der sich nach dem meist vorangegangenen Weichglühen in kugeliger Form befindet, schon an und für sich außerordentlich hart ist. Die Härtetemperatur bleibt daher bei den übereutektoiden Stählen in gleicher Höhe, 40 bis 60° über dem Perlitpunkt. Die eigentliche Härtung erstreckt sich bei diesen Stählen nur auf die Perlitkristalle,

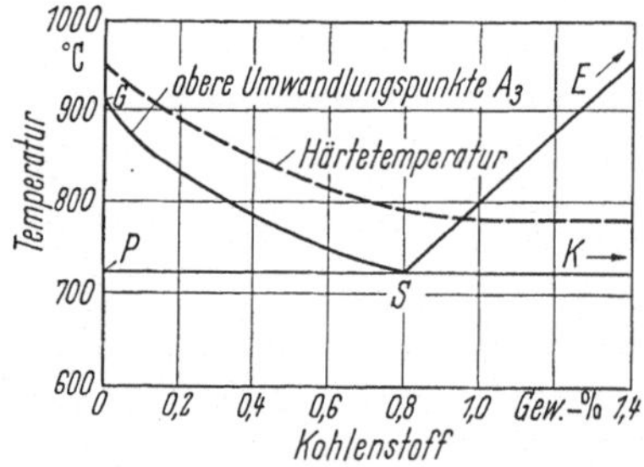

Abb. 18.
Härtetemperaturen der Kohlenstoff-stähle bei mittlerer Stückgröße

die harten Zementitkugeln liegen nach dem Härten eingebettet in die gehärtete Grundmasse. In Abb. 18 werden die Härtetemperaturen durch die unterbrochene Linie bezeichnet.

Das Anlassen der gehärteten Stähle. Erwärmt man gehärteten Stahl, so werden die in Zwangslösung befindlichen Kohlenstoffatome wieder beweglich und können unter Karbidbildung aus dem Eisengitter ausscheiden, wodurch dessen Verspannung und Härte nachläßt. Die Wirkungen des Härtens werden um so stärker rückgängig gemacht, je höher die Temperatur steigt. Dieses Erwärmen nennt man *Anlassen.* Während bis etwa 100° nur Härtespannungen verringert werden, fällt darüber hinaus die Härte selbst ab, und der Stahl wird zäher. Damit ist auch schon der Zweck des Anlassens gesagt: man läßt den Stahl an, um ihm Härtespannungen zu nehmen, die schon an sich zum Reißen des gehärteten Werkzeugs führen könnten, noch bevor es in Verwendung genommen wird; man läßt

den Stahl aber auch deshalb an, weil er im vollharten Zustande
für das Arbeiten meist zu spröde wäre.

Beim Erwärmen auf die Anlaßtemperaturen läuft der Stahl an,
d. h. es erscheinen die sog. Anlaßfarben, denen bestimmte Temperaturen entsprechen. Man kann daher an der Anlaßfarbe sehen, welche
ungefähren Temperaturen der Stahl angenommen hat. Je höher die
Anlaßtemperatur gewählt wird, desto mehr geht die Härte zurück,
desto zäher wird der Stahl. Die anzuwendende Anlaßtemperatur
richtet sich nach dem Verwendungszweck des betreffenden Werkzeuges.

Die Anlaßfarben sind:

20° blank,	260° purpur,	320° hellblau,
200° blaßgelb,	280° violett,	350° blaugrau,
220° strohgelb,	290° dunkelblau,	420° grau.
240° braun,	300° kornblumenblau,	

Zu erklären sind die Anlaßfarben damit, daß die Oberfläche des
Stahles bei der Anlaßwärme oxydiert. Je höher oder länger erwärmt
wird, desto dicker wird die Oxydschicht, und damit verändert sich
die Farbe.

Es braucht wohl nicht besonders darauf aufmerksam gemacht
zu werden, daß die Anlaßfarben selbstverständlich nicht das geringste
mit den Glühfarben zu tun haben.

Abarten der Umwandlungshärtung. α) *Die Warmbadhärtung
(Thermalhärtung, Stufenhärtung).* Eine Abart der Umwandlungshärtung ist die Warmbadhärtung. Das zu härtende Werkstück wird
dabei in zwei Stufen abgeschreckt: zuerst in einem warmen Bad,
dessen Temperatur über dem Martensitpunkt liegt, und nach Tempe-
raturausgleich unmittelbar darauf in einem zweiten, kalten Bad.
Beim Abschrecken im warmen Bad werden die Vorbedingungen für
die Martensitbildung geschaffen, und beim nachfolgenden raschen
Abkühlen im kalten Bad tritt der Martensit selbst, der Träger der
Härte, auf.

Bei höher legierten Stählen legt man die Stücke nach dem Heraus-
nehmen aus dem warmen Bad zur gänzlichen Abkühlung an die
Luft; das kalte Bad entfällt.

Als Ziel erreicht man bei dieser Härtemethode große Verzugs-
und Spannungsfreiheit der gehärteten Teile.

β) Die Einsatzhärtung. Eine andere Abart der Umwandlungshärtung ist die Einsatzhärtung. Man verwendet dazu Stähle mit niedrigem Kohlenstoffgehalt (etwa 0,10 bis 0,25 % C), also Stähle, die wenig oder gar nicht härten, d. h. zäh bleiben, und führt in die Oberfläche Kohlenstoff ein. Zu diesem Zweck verpackt man die aus solchen kohlenstoffarmen Stählen angefertigten Teile zusammen mit kohlenstoffabgebenden Mitteln (sog. Zementationsmitteln), z. B. Holzkohle oder Knochenkohle, der man zur Beschleunigung Bariumkarbonat zusetzt, in geeignete Kasten (Kastenaufkohlung) und erhitzt das Ganze auf hohe Temperaturen. Dabei vergast der Kohlenstoff der Zementationsmittel und dringt in die Oberfläche der verpackten Werkstücke ein. Je höher die Einsatztemperatur ist und je länger eingesetzt wird, desto dicker wird die aufgekohlte Randzone. Über eine Dicke von etwa 2 mm wird man jedoch zweckmäßigerweise nicht hinausgehen. Die Schnelligkeit der Aufkohlung wird dabei auch von der Art des Zementationsmittels abhängen. Die Dauer der Aufkohlung wird sich praktisch zwischen 4 und 6 Stunden erstrecken. Stellen, die weich bleiben sollen, bedeckt man mit handelsüblichen Abdeckpasten oder überzieht sie auf galvanischem Wege mit einer dünnen Kupferschicht. Der Kohlenstoff kann dann an diesen Stellen in die Oberfläche nicht eindringen.

Ist das Einsetzen beendet, dann bestehen die Stücke aus zweierlei Stahl: aus dem Kern von der ursprünglichen nichthärtenden, zähen Beschaffenheit und aus der aufgekohlten und damit werkzeugstahlähnlichen Randzone mit etwa 1 % Kohlenstoff und darüber. Härtet man jetzt, dann bleibt der nichthärtende Kern zäh; in der Randzone, d. h. an der Oberfläche, erhält man dagegen Glashärte.

Man wird daher die Einsatzhärtung immer dann anwenden, wenn ein Werkstück eine harte, verschleißfeste Oberfläche und gleichzeitig einen zähen, gegen Stoß- und Biegebeanspruchung unempfindlichen Kern besitzen soll (z. B. Zahnräder, Wellen, Bolzen usw.).

Da man nach dem Einsetzen, wie ausgeführt, zweierlei Stahl vor sich hat, ergibt sich von selbst, daß auch eine zweifache Wärmebehandlung notwendig wird. Vom Eisen-Kohlenstoff-Diagramm her wissen wir ja, daß bei Stählen mit verschiedenem Kohlenstoffgehalt die Wärmebehandlung bei verschiedenen Temperaturen zu erfolgen hat.

Vor allem haben wir einmal zu berücksichtigen, daß nach dem durchgeführten Einsetzen die Werkstücke stark überhitzt sind, da sie ja längere Zeit einer hohen Temperatur ausgesetzt waren. Um das ursprünglich feine Gefüge zurückzuerhalten, wird man die Teile aus einer Temperatur knapp oberhalb A_3 abkühlen. Aus dem Eisen-Kohlenstoff-Diagramm ersehen wir, daß diese Temperatur für einen C-Gehalt von 0,15 bis 0,20 % etwa 910° beträgt (s. auch Abb. 18). Mit dieser Wärmebehandlung erzielt man eine ähnliche kornverfeinernde Wirkung im Kern wie beim Normalglühen; gleichzeitig wird der Kern in bescheidenem Maße verfestigt, soweit dies bei dem geringen Kohlenstoffgehalt überhaupt möglich ist. Die gewünschte Zähigkeit bleibt dabei gewahrt. Die angegebene Temperatur von 910° ist aber für den aufgekohlten Rand mit etwa 1 % Kohlenstoff zu hoch und bewirkt in dieser Zone wieder eine Überhitzung. Aus dem Diagramm ergibt sich für einen Stahl mit 1 % Kohlenstoff eine Härtetemperatur von etwa 780°. Wir bringen daher unser Werkstück bei einem zweiten Erwärmen auf diese niedrigere Temperatur. Dabei erfolgt jetzt die Umkristallisation und Kornverfeinerung auch der aufgekohlten Randzone. Der Kern wird dadurch wenig berührt, weil ja die höhere Temperatur von über 911° erforderlich wäre, um ihn voll umzuwandeln. Nun härtet man in der üblichen Weise durch Abschrecken im Härtebad.

Um Kosten zu sparen, kann man weniger beanspruchte Teile sofort aus dem Einsatz härten. Dabei wird der Rand selbstverständlich auch hart, wenn auch überhitzt und grobkörnig. In manchen Fällen wird dies aber nicht viel ausmachen, wenn nur der Kern zäh und bruchsicher ist. Durch Verwendung von chrom-molybdänlegierten Feinkornstählen werden die Nachteile der Direkthärtung verringert.

Das Aufkohlen der Randzone kann man auch durch flüssige oder durch gasförmige Zementationsmittel durchführen. Beim flüssigen Verfahren werden die Werkstücke in kohlenstoffabgebende Salzschmelzen von etwa 850 bis 950° auf eine Dauer von wenigen Stunden getaucht und dann abgeschreckt (Salzbadaufkohlung). Beim Einsetzen in Gas werden die aufzukohlenden Teile in einer sich langsam drehenden zylindrischen Retorte erhitzt, in welche das Kohlengas (meist Leuchtgas oder Kohlenwasserstoff) unter höherem Druck eingepreßt wird (Gasaufkohlung).

γ) *Die örtliche Oberflächenhärtung* [1]. Bei dieser Abart der Umwandlungshärtung wird das Werkstück, das gehärtet werden soll, nicht im Ofen als Ganzes erhitzt, sondern mit Brennern großer Flammenleistung (Leuchtgas-Sauerstoff- oder Acetylen-Sauerstoff-Brennern) oder durch elektrische Beheizung (Hochfrequenzerhitzung) nur an der Oberfläche auf Härtetemperatur gebracht und unmittelbar darauf abgeschreckt. Infolge des eintretenden Wärmestaues bleibt der Kern kalt. Das derart behandelte Werkstück kann daher auch nur an der Oberfläche Härte annehmen; der Kern wird nicht beeinflußt und bleibt dadurch praktisch spannungs- und verzugsfrei. Das Verfahren eignet sich deshalb vor allem für Teile, die örtlich auf Verschleiß beansprucht werden und die bei den anderen Härtemethoden zu einem mehr oder weniger großen Verzug und zu Härteausschuß neigen. Neben einer guten Verschleißfestigkeit zeigen oberflächengehärtete Werkstücke sehr gute Dauerfestigkeit.

Im Gegensatz zu der im vorhergehenden Abschnitt beschriebenen Einsatzhärtung wird bei der Oberflächenhärtung die Oberfläche der Werkstücke nicht aufgekohlt. Man kann daher nur solche Stähle verwenden, die schon an sich härtbar sind, d. h. einen Kohlenstoffgehalt von wenigstens etwa 0,40 % haben.

In Anpassung an häufig wiederkehrende Werkstückformen sind die verschiedenartigsten Härtemaschinen entwickelt worden, so z. B. eine in Abb. 19 (s. Bildanhang) dargestellte automatisch arbeitende Zahnrad-Härtemaschine, bei der die einzelnen Zahnflanken nacheinander mit einer Acetylen-Sauerstoff-Flamme erhitzt und unmittelbar danach abgeschreckt werden.

Durch gleichzeitiges Härten beider Zahnflanken kann der Verzug ausgeschaltet werden.

Für das Härten von Lagerstellen an Kurbelwellen wurde das sog. Doppel-Duro-Verfahren entwickelt. Dabei wird die Welle vor einem feststehenden schlitzförmigen Brenner in der Weise gedreht, daß die Brennerflamme die Lagerstelle in der ganzen Länge bestreicht. Wenn die Zapfenoberfläche nach kurzer Zeit auf Härtetemperatur gebracht worden ist, schreckt man mittels Brause ab. Es gibt auch Härtemaschinen zum Härten von Wellen beliebiger Länge bis zu einem Durchmesser von 750 mm (Abb. 20, s. Bildanhang).

---

[1] Vgl. Werkstattbücher Heft 89, H. W. GRÖNEGRESS: Brennhärten, 3. Auflage, Berlin/Göttingen/Heidelberg: Springer 1962.

Es besteht jedenfalls eine hochentwickelte Sonderindustrie, die für alle Zwecke geeignete Brenner und Maschinen geschaffen hat, angefangen von der einfachsten Vorrichtung bis zur vollautomatischen Härteanlage.

Anmerkung: Eine weitere Oberflächenhärtung, die Nitrierhärtung, wird in Abschnitt 22 besprochen.

b) Die Kalthärtung. Bei kalter Verformung (Ziehen, Hämmern, Walzen usw.) werden die Kristalle zertrümmert oder verformt und damit die Raumgitter ebenfalls verspannt; bei gewöhnlicher Temperatur kann jedoch eine Kornneubildung nicht stattfinden. Damit ist eine Härteannahme verbunden, die unter Umständen ganz bedeutend sein kann.

Zu erklären ist das vielleicht am besten in folgender Weise: Als Härte bezeichnet man vor allem die Eigenschaft eines Stoffes, einem von außen eindringenden Gegenstand, etwa der Kugel der Brinellpresse, einen bestimmten Widerstand entgegenzusetzen. Bei weichem Eisen ist der Widerstand nicht sehr groß, denn die Eisenkristalle lassen sich in gewissem Ausmaße auch im kalten Zustande verhältnismäßig leicht verschieben – sie gleiten etwas aneinander, und die Brinellkugel drückt sich in den Eisenkörper ein. Sind die Kristalle durch Kalthärtung zertrümmert oder sonst stärker verformt, dann ist ein Verschieben schwieriger. Die vorher glatte Kristalloberfläche ist zackig und uneben geworden – die sog. Gleitflächen sind mehr oder weniger gestört. Damit ist die Beweglichkeit der Kristalle geringer geworden, und die Brinellkugel hat beim Eindringen einen größeren Widerstand zu überwinden, d. h. der Stahl ist jetzt härter. So wird es verständlich, daß Kalthärtung selbst bei kohlenstoffärmsten Stählen auftritt, bei denen eine Umwandlungshärtung nicht mehr möglich wäre.

Werden kaltverformte Stähle geglüht, so wird dadurch der geschilderte Ausnahmezustand aufgehoben, denn bei den Glühtemperaturen können sich die verfestigten Kristalle wieder entspannen und „erholen". Man spricht direkt von Kristallerholung.

Man wird daher kaltverformte Stähle immer einer Glühung unterwerfen, wenn die Begleiterscheinung der Kaltverformung – die Härte – nicht erwünscht ist. So wird man z. B. beim Ziehen, das aus mehreren Arbeitsgängen besteht, Zwischenglühungen einschalten müssen, da der Stahl sonst so hart wird, daß das Fertigziehen unmöglich ist.

c) Die Ausscheidungshärtung (Aushärtung). Diese Art von Härtung beruht im wesentlichen darauf, daß der Stahl im festen Zustand bei höheren Temperaturen ein größeres Lösungsvermögen für Legierungselemente hat als bei Raumtemperatur, und zwar auch schon innerhalb der gleichen Eisenphase, d. h. ohne Alpha-Gamma-Umwandlung.

Die gleiche Erscheinung kennt jedermann bei den flüssigen Lösungen. Eine Lösung, die von dem gelösten Stoff nichts mehr aufnehmen kann, heißt „gesättigt". Wird die Temperatur der Lösung erhöht, dann steigt das Lösungsvermögen oft beträchtlich an. So enthält z. B. eine „heißgesättigte" Alaunlösung 24mal mehr Alaun als eine „kaltgesättigte". Läßt man eine heißgesättigte Lösung erkalten, so muß sich notwendigerweise der über den Sättigungsgrad des kalten Zustandes vorhandene Überschuß ausscheiden.

Genauso verhält es sich mit den „festen Lösungen" des Stahles. Wenn man eine bei höheren Temperaturen — angenommen bei 500 bis 600° — mehr oder weniger gesättigte feste Lösung langsam abkühlen läßt, so scheiden sich die für den kalten Zustand überschüssigen Bestandteile fortschreitend aus. Schreckt man den Stahl aber aus den höheren Temperaturen ab, dann bleibt die Lösung in der gleichen Zusammensetzung vorerst noch bestehen. Allmählich scheiden sich aber dann doch — manchmal erst nach längerer Zeit — jene überschüssigen Teilchen aus, die auch bei langsamer Abkühlung nicht in Lösung gehalten werden können, und lagern sich zwischen die Kristalle ab. Dieses Ausscheiden kann man beschleunigen, indem man den abgeschreckten Stahl wieder etwas erwärmt. Natürlich darf man dabei mit der Temperatur nicht so hoch gehen, daß das Lösungsvermögen des Stahles wieder stärker erhöht wird.

Das Ausscheiden der gelösten Stoffe bringt eine Störung der Gleitfähigkeit der Kristalle mit sich und damit eine oft nicht unwesentliche Härteannahme des Stahles. Ein Beispiel aus dem täglichen Leben soll dies verständlich machen: Wenn ein Straßenbahnwagen bei glatten Schienen gleitet (rutscht) und nicht zum Halten gebracht werden kann, dann gibt der Wagenführer Sand, der sich zwischen Schienen und Räder legt und eine stärkere Reibung hervorruft; nun kann der Wagen gebremst werden. Genau die gleiche Wirkung tritt im Gefüge des Stahles ein, wenn sich feine Teilchen, die vorher bei den höheren Temperaturen gelöst waren, zwischen den Kristallen ausscheiden: Die blanken Gleitflächen werden rauh, die Kristalle bremsen sich gegenseitig ab und können der eindringenden Brinellkugel nicht mehr so leicht nachgeben – der Stahl ist härter geworden.

Nicht alle Legierungselemente sind für die Ausscheidungshärtung in gleicher Weise geeignet. Gut eignen sich Vanadin, Titan, Wolfram und Molybdän zusammen mit Kohlenstoff sowie Kupfer und Beryllium. Am häufigsten wird die Ausscheidungshärtung als bewußte Wärmebehandlung bei austenitischen Chrom-Mangan- oder Chrom-Nickel-Stählen angewandt, bei der der Aushärtungseffekt durch das Ausscheiden zuvor bei hohen Temperaturen in Lösung gebrachter Karbide bewirkt wird. Ähnliche Wirkungen einer Härtesteigerung durch Karbidausscheidungen lassen sich auch mit intermetallischen Verbindungen oder mit Nitriden erzielen.

C. Das Vergüten der Stähle

Das Vergüten ist eine zusammengesetzte Wärmebehandlung. Es besteht in einem Härten (Umwandlungshärtung) mit darauffolgendem Anlassen auf höhere Temperaturen (etwa 400 bis 750°), womit eine bedeutende Steigerung der Zähigkeit gegenüber dem vollgehärteten Zustand verbunden ist. Je höher die Anlaßtemperatur gewählt wird, desto mehr verliert der gehärtete Stahl an Festigkeit und um so mehr nimmt seine Zähigkeit zu. Man kann daher durch entsprechendes Anlassen *alle* Festigkeitsabstufungen vom vollgehärteten bis herab zum weichgeglühten Zustand erreichen.

Angewendet wird das Vergüten hauptsächlich bei den Baustählen, die ja neben genügender Festigkeit eine besondere Zähigkeit besitzen müssen, um der mannigfachen Beanspruchung im Maschinenbau (Zug, Druck, Stoß, Biegebeanspruchung usw.) zu genügen.

Vergleichen wir das „Vergüten" mit dem bloßen „Anlassen", das auf Seite 20 beschrieben wurde, so finden wir folgenden Unterschied:

Anlassen = das Erwärmen gehärteter *Werkzeuge* auf niedrigere Temperaturen, um ihnen Härtespannungen sowie die Sprödigkeit der Vollhärte zu nehmen;

Vergüten = bei *Baustählen* das Härten mit darauffolgendem Erwärmen auf höhere Temperaturen, wobei die Zähigkeit wesentlich gesteigert wird.

Ein weiteres Vergüteverfahren ist die *Zwischenstufenvergütung*. Man versteht darunter das Abkühlen von Härtetemperatur in einem Warmbad bis zum Umwandlungsablauf mit nachfolgendem Abkühlen in Luft oder Wasser. Das Anlassen unterbleibt. Die Temperatur des Warmbades muß so eingestellt sein, daß weder Perlit- noch Martensitbildung erfolgen kann. Es entsteht das sog. „Zwischenstufengefüge", das ähnliche Eigenschaften aufweist wie das normale Vergütegefüge.

Die Vergütestähle werden von den Stahlwerken vielfach schon im vergüteten Zustand geliefert. In diesem Fall hat beim Verbraucher selbstverständlich jede Warmverarbeitung (Schmieden usw.) zu unterbleiben, weil dadurch die Wirkung des Vergütens aufgehoben würde.

8. Die Legierungen des Stahles

A. Allgemeines

Um dem Stahl bestimmte Eigenschaften zu geben, legiert man ihn mit verschiedenen Grundstoffen.

Das wichtigste Legierungselement, der Kohlenstoff, wurde in vorhergehenden Abschnitten bereits ausführlich besprochen. An dieser Stelle sei nur in Erinnerung gebracht, daß beim Übergang vom Alpha- in das Gamma-Gitter und vor allem beim umgekehrten Vorgang das langsamere Kohlenstoffatom eine gewisse Mindestzeit benötigt, um bei dem Stellungswechsel mitzukommen; es wird dabei auch durch die in entgegengesetzter Richtung wandernden Eisenatome behindert. Wir haben gesehen, daß dieser Umstand beim Härten ausgenützt wird, indem man den Stahl aus dem Austenitgebiet schroff abschreckt, so daß das Kohlenstoffatom nicht mehr rechtzeitig aus dem Gamma-Gitter herauskommt, sondern nach dem „Umklappen" des Gitters im Alpha-Würfel eingeschlossen bleibt, wodurch ein Zwangszustand und damit die Härte eintritt (s. Abschnitt 7 B a). Die hierfür notwendige Schnelligkeit der Temperaturabnahme haben wir die „kritische Abkühlungsgeschwindigkeit" genannt.

Legiert man den Stahl mit weiteren geeigneten Grundstoffen (= legierte Stähle im engeren Sinne), dann hat es das Kohlenstoffatom noch schwerer, an all diesen neuen Hindernissen, nämlich den ebenfalls über das ganze Raumgitter verstreuten Legierungsatomen, vorbeizukommen – es braucht jetzt noch mehr Zeit zu dem durch das Umklappen des Gitters bedingten Stellungswechsel. Es ist daher gar nicht mehr notwendig, so ganz schroff in Wasser abzuschrecken, um das Kohlenstoffatom im Gitter einzuschließen; es genügt ein milderes Abschrecken in Öl – die „kritische Abkühlungsgeschwindigkeit" ist kleiner geworden. Bei hochlegierten Stählen ist nicht einmal mehr Öl nötig, das Abkühlen in bloßer Luft tut es auch.

Jetzt wird uns auch verständlich, warum die sog. Wasserhärter, d. h. die reinen Kohlenstoffstähle sowie niedriglegierte Stähle, nur bis zu einer begrenzten Tiefe einhärten, während die mittel- und hochlegierten Stähle durchhärten: Durch das Abschrecken wird die Oberfläche des Stahles rasch abgekühlt, im Kern des Stückes nimmt aber die Wirkung des Abschreckens ab, d. h. im Innern erkaltet der Stahl langsamer als an der Oberfläche. Da aber, wie wir gesehen haben, *legierte* Stähle eine geringere Abkühlungsgeschwindigkeit benötigen, wird auch das langsamere Abkühlen im Kern eines solchen Stahles für die Härtung noch ausreichen. Dagegen wird ein Kohlenstoffstahl nicht durchhärten, weil er eine hohe Abkühlungsgeschwindigkeit verlangt, die aber nur an der Oberfläche und bis zu einer begrenzten Tiefe gegeben ist, während die langsamere Abkühlung im Kern in diesem Fall für die Härtung nicht mehr genügt. Nur ganz dünne Teile aus Kohlenstoffstahl härten ebenfalls noch durch.

Man kann den Legierungsgehalt, wie gesagt, so weit steigern (nicht alle Elemente haben diese Wirkung), daß schon durch bloße Abkühlung an ruhiger Luft Härtung eintritt. Bleibt die Gamma-Alpha-Umwandlung überhaupt aus, dann haben wir die *austenitischen Stähle* vor uns. Bei den lufthärtenden Stählen ist das Gitter so sehr mit den Atomen der Legierungselemente vollgepackt, daß es zwar noch umklappt, ohne jedoch bei normaler Luftabkühlung dem Kohlenstoff-Atom Gelegenheit zu geben, aus dem Gitter herauszutreten. Bei den austenitischen Stählen ist sogar das Umklappen selbst unmöglich geworden – der Zustand des unmagnetischen flächenzentrierten Raumgitters bleibt jetzt auch bei gewöhnlicher Temperatur erhalten, d. h. die Umwandlungspunkte A_1 und A_3 im Diagramm entfallen, und das Gamma-Feld dehnt sich bis zur Grundlinie des Diagramms aus (Abb. 21).

Im Gegensatz hierzu wird durch andere Grundstoffe mit steigendem Gehalt die Temperatur der Alpha-Gamma-Umwandlung erhöht, gleichzeitig aber die Gamma-Delta-Umwandlung erniedrigt, so daß wir ein verengtes und abgeschnürtes Gamma-Feld erhalten. Dieses ist dann halbkreisförmig auf die äußerste linke Seite des neuen Zustandsschaubildes beschränkt (Abb. 22). Rechts davon geht der Delta-Zustand ohne Unterbrechung in den Alpha-Zustand über. Eigentlich kann von einem Übergang gar nicht gesprochen werden, denn aus Abschnitt 4 ist uns noch in Erinnerung, daß das Delta-Eisen das gleiche raumzentrierte Gitter hat wie das Alpha-Eisen. Wir sagen daher besser, daß solche in der Zusammensetzung rechts vom verengten Gamma-Feld gelegene Stähle, vom Schmelzpunkt angefangen bis herab zur Raumtemperatur, unverändert das raumzentrierte Gitter beibehalten und überhaupt keine Umwandlung erfahren. Damit ist aber auch jede Möglichkeit einer Umwandlungshärtung genommen. Wir nennen solche Stähle *ferritisch*.

Aber nicht nur die Umwandlungspunkte werden durch Legierungszusatz gehoben oder gesenkt, es treten auch waagerechte Verschiebungen im Zustandsschaubild auf. So wird vor allem der Punkt *S*, der Standort des reinen Perlitgefüges, unter Umständen ganz wesentlich nach links zu geringeren Kohlenstoffgehalten gerückt. Während das Perlitgefüge des Kohlenstoffstahles erst bei 0,80 % Kohlenstoff vollständig durchgebildet (gesättigt) ist, hat z. B. der rostbeständige Chromstahl mit 13 % Chrom und *nur 0,40 % Kohlenstoff* bereits übereutektoides Gefüge mit dem bekannten Karbidschalenwerk.

Auch der Punkt *E* im Diagramm kann durch Legierungszusatz nach links verschoben werden, so daß Ledeburitstähle (s. Abschnitt 6) schon bei geringeren Kohlenstoffgehalten möglich werden.

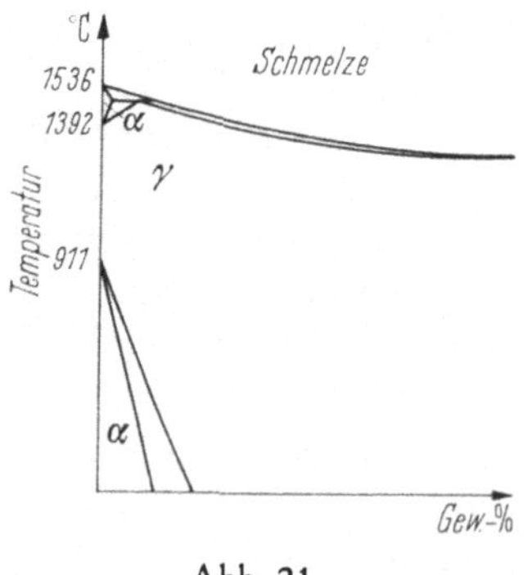

Abb. 21.
Schema eines austenitischen Diagramms

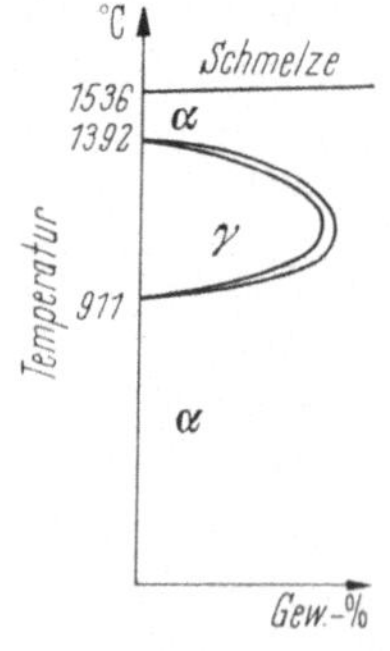

Abb. 22.
Schema eines ferritischen Diagramms

B. Einteilung der Grundstoffe nach ihren Wirkungen

So verschieden sich die Legierungselemente in ihren Wirkungen auf die Eigenschaften der Stähle verhalten, so lassen sie sich doch nach bestimmten Gesichtspunkten in einige wenige Klassen aufteilen. Für unsere Zwecke genügt die Zweiteilung in Grundstoffe, die das Gamma-Gebiet in der schon beschriebenen Weise erweitern, und solche, die es verengen. Die folgende Gegenüberstellung gibt das zusammenfassend nochmals wieder:

a) Grundstoffe, die das Gamma-Gebiet erweitern. Abb. 21 zeigt schematisch den Einfluß der Elemente dieser Gruppe. An der Senkrechten links, der Ordinate des reinen Eisens, erscheinen die uns schon vom Eisen-Kohlenstoff-Diagramm her bekannten Haltepunkte: $1536°$ (Schmelzpunkt), $1392°$ (A_4), $911°$ (A_3). Je mehr der Legierungsgehalt nach rechts zunimmt, desto mehr senkt sich die Linie A_3 (Gamma-Alpha-Umwandlung); schon sehr bald reicht das Gamma-Feld herab bis zur Grundlinie (Raumtemperatur), d. h. wir haben die austenitischen Stähle vor uns.

Die wichtigsten Grundstoffe dieser Gruppe sind Kohlenstoff, Mangan, Nickel, Stickstoff. Durch Kobalt wird bis zu Gehalten von 40 bis 45 % das Gamma-Gebiet zwar verschoben, jedoch nicht erweitert. Erst mit weiter steigenden Gehalten ist eine Erweiterung der Austenitbeständigkeit bis auf die Raumtemperatur verbunden.

b) Grundstoffe, die das Gamma-Gebiet verengen. In diese Gruppe gehören vor allem die Elemente Aluminium, *Silizium*, Phosphor, Titan, Vanadin, *Chrom*, Molybdän, Tantal, Niob, Wolfram.

Aus dem Schema in Abb. 22 ist ihre Wirkung zu ersehen. An der Ordinate des reinen Eisens treten wieder die Haltepunkte $1536°$, $1392°$, $911°$ in Erscheinung. Je mehr aber jetzt nach rechts der Legierungsgehalt steigt, desto mehr nähern sich die beiden Umwandlungslinien A_3 und A_4 und vereinigen sich schließlich, so daß das Gamma-Feld halbkreisförmig abgeschlossen wird. Die höher legierten Stähle rechts vom Gamma-Feld sind ferritisch. Sie unterliegen vom Schmelz- bzw. Erstarrungspunkt bis herab zur Lufttemperatur keiner Umwandlung.

C. Einteilung der Stähle nach ihrem Gefüge

Nach dem Gefüge können wir die Stähle einteilen in ferritisch-perlitische, martensitische, austenitische, rein ferritische und ledeburitische.

Zu den *ferritisch-perlitischen Stählen* sind die Kohlenstoffstähle und die niedriglegierten Stähle zu rechnen. Perlitisch im eigentlichen Sinne sind nur jene Stähle, die mit Perlitkristallen gerade gesättigt sind, so daß neben den Perlitkristallen weder ein Karbidschalenwerk noch reine Eisenkristalle (Ferritkristalle) vorhanden sind. Als Beispiel kennen wir den reinen Kohlenstoffstahl mit 0,80 % Kohlenstoff. Treten neben den Perlitkristallen auch reine Eisenkristalle auf, dann spricht man von unterperlitischen, untereutektoiden oder auch ferritisch-perlitischen Stählen. Ist der Kohlenstoffgehalt höher, so daß das Karbidschalenwerk erscheint, dann haben wir die überperlitischen oder übereutektoiden Stähle vor uns. Es liegen also die gleichen Verhältnisse vor, die wir schon beim Eisen-Kohlenstoff-Diagramm besprochen haben, nur daß durch Legierungszusatz die Grenzen verschoben werden.

Die *martensitischen Stähle* weisen ohne Wärmebehandlung bei Raumtemperatur das Härtegefüge auf. Sie sind hart und spröde und lassen sich schwer bearbeiten.

Die *austenitischen Stähle* lassen sich nicht härten, da ja die Gamma-Alpha-Umwandlung fehlt. Aus diesem Grunde hat auch ein Glühen keinen Zweck. Man führt aber ein Lösungsglühen mit anschließendem Abschrecken durch, um das Austenitgefüge auf Raumtemperatur zu unterkühlen (Erhitzen auf etwa 1000 bis 1050° mit nachfolgendem Abschrecken in Wasser oder auch Luft).

Bei Raumtemperatur haben die abgeschreckten austenitischen Stähle das einheitliche Gefüge des flächenzentrierten Gamma-Mischkristalls. Sie besitzen nur niedrige Streckgrenze, Festigkeit und Härte, dafür aber hohe Dehnung, Zähigkeit und Einschnürung. Sie sind schwer bearbeitbar. Ferner sind sie unmagnetisch.

Je nach Art ihrer Legierung werden die austenitischen Stähle verwendet:

a) als Verschleißstähle (Mangan-Hartstähle),

b) als antimagnetische Bau- und Konstruktionsstähle, z. B. im Schiffbau und Elektromaschinenbau (Kompaßgehäuse, Kappenringe usw.),

c) als rost- und säurebeständige Sonderstähle,

d) als hitzebeständige und hochwarmfeste Sonderstähle – darüber wird später noch gesprochen werden.

Werden nicht stabil, d. h. nur durch Abkühlungsbedingungen bei Raumtemperatur in austenitischer Gefügestruktur, vorliegende Stähle kaltverformt, dann fällt mehr oder weniger Martensit aus, womit eine gewisse Härteannahme und Magnetisierbarkeit verbunden ist.

Die *ferritischen Stähle*. Aus Abb. 22 haben wir ersehen, daß einige Stähle, bei denen ein gewisser Gehalt an bestimmten Legierungselementen überschritten wird, vom Schmelzpunkt bis zur Raumtemperatur herab keinerlei Umwandlung erleiden, d. h. sie behalten über diesen ganzen Temperaturbereich das raumzentrierte Gitter bei. Wir nennen sie ferritische Stähle. Sie lassen sich weder härten, noch kann man sie durch Glühen beeinflussen. Sind ferritische Stähle durch längeres Halten auf hohen Temperaturen grobkörnig geworden, dann können sie also nur mehr durch Warmverformung (Schmieden usw.) auf feines Korn gebracht werden. Dabei werden die Kristalle zertrümmert, und die Trümmer wachsen bei der hohen Schmiedetemperatur sofort wieder zu ganzen Kristallen *normaler Größe* aus. Diese einzige mögliche Art der Kornverfeinerung bei den ferritischen Stählen kann aber nur selten angewandt werden; für fertige Teile kommt sie natürlich nicht in Frage.

Zur Kornvergrößerung neigen vor allem die ferritischen Chromstähle.

Steigt der Kohlenstoffgehalt über den Punkt E im Diagramm nach rechts weiter an, dann erscheinen als neuer Gefügebestandteil grobe Karbidkörner, die in die Grundmasse eingebettet sind und dem Stahl eine ganz besondere Härte verleihen. Solche Stähle nennen wir *Ledeburitstähle*. Je mehr der Kohlenstoffgehalt zunimmt, um so größer wird die Menge der Karbidkörner und um so beständiger wird der Stahl gegen Abnutzung. Ledeburitstähle werden verwendet für Zieheisen, für Schnitt- und Pressenteile, als Riffel- und Schnellarbeitsstähle, kurz für Werkzeuge, bei denen es auf besonders hohe Härte ankommt.

Die Ledeburitstähle lassen sich schwer schmieden.

9. Die unlegierten Stähle

Als unlegierte Stähle bezeichnet man die schmiedbaren Eisen-Kohlenstoff-Legierungen, deren Begleitelemente folgende Gehalte nicht überschreiten:

Si	Mn	Ti	Al	Cu	P	S
0,5	0,8	0,1	0,1	0,25	0,09	0,06 %

Zahlentafel 1. *Allgemeine Baustähle. Sorteneinteilung und gewährleistete Werte für die mechanischen Eigenschaften und für die chemische Zusammensetzung* (nach DIN 17100, Sept. 1966)

Kurzname	Werkstoff-nummer	Desoxydationsart [1]	Behandlungs-zustand [2]	Zugfestigkeit [3][4] kg/mm^2	Streckgrenze [5] kg/mm^2 mind.	Bruchdehnung [6][7] $(L_0=5\,d_0)$ % mind.	C [8]	P	S	N [9]
									höchstens	
St 33-1	1.0033	—	—	33	19[10]	18[10]	—	—	—	—
St 33-2	1.0035	—	—	bis 50		(14)	—	0,060	0,050	0,007
USt 34-1	1.0100	U	U, N	34			0,17	0,080	0,050	—
RSt 34-1	1.0150	R	U, N		21	28				
USt 34-2	1.0102	U	U, N	bis		(20)	0,15	0,050	0,050	0,007
RSt 34-2	1.0108	R	U, N	42						
USt 37-1	1.0110	U	U, N				0,20	0,070	0,050	—
RSt 37-1	1.0111	R	U, N	37		25				
USt 37-2	1.0112	U	U, N	bis	24	(18)	0,18[11]	0,050	0,050	0,007
RSt 37-2	1.0114	R	U, N	45			0,17			
St 37-3	1.0116	RR	U, N				0,17	0,045	0,045	0,009
USt 42-1	1.0130	U	U, N				0,25	0,080	0,050	—
RSt 42-1	1.0131	R	U, N	42		22				
USt 42-2	1.0132	U	U, N	bis	26	(16)	0,25	0,050	0,050	0,007
RSt 42-2	1.0134	R	U, N	50			0,23			
St 42-3	1.0136	RR	U, N				0,23	0,045	0,045	0,009
RSt 46-2[12]	1.0477	R	U, N	44		22	0,20	0,050	0,050	0,007
St 46-3[13]	1.0483	RR	U, N	bis 54	29	(16)	0,20	0,045	0,045	0,009
St 52-3[14]	1.0841	RR	U, N	52 bis 62	36[15]	22 (16)	0,20[16]	0,045	0,045	0,009
St 50-1	1.0530	R	U, N	50		20	$\approx$ 0,25[17]	0,080	0,050	—
St 50-2	1.0532	R	U, N	bis 60	30	(14)	$\approx$ 0,30[17]	0,050	0,050	0,007
St 60-1	1.0540	R	U, N	60		15	$\approx$ 0,35[17]	0,080	0,050	—
St 60-2	1.0542	R	U, N	bis 72	34	(10)	$\approx$ 0,40[17]	0,050	0,050	0,007
St 70-2	1.0632	R	U, N	70 bis 85	37	10 (6)	$\approx$ 0,50[17]	0,050	0,050	0,007

Zu Zahlentafel 1:

1) U unberuhigt, R beruhigt (einschließlich halbberuhigt), RR besonders beruhigt.

2) U warmgeformt, unbehandelt, N normalgeglüht.

3) Die Werte gelten für Erzeugnisse bis 100 mm Dicke einschließlich. Für größere Dicken wird nur der Mindestwert gewährleistet. Die Grenzwerte dürfen um 2 kg/mm² unter- oder überschritten werden; bei den Stählen St 33-1 und St 33-2 muß jedoch eine obere Grenze der Zugfestigkeit von 50 kg/mm² eingehalten werden.

4) Bei Band unter 3 mm Dicke darf die obere Grenze für die Zugfestigkeit um Werte bis zu 10 % des für die jeweilige Stahlsorte angegebenen Mindestwertes der Zugfestigkeit überschritten werden.

5) Die Werte gelten für Erzeugnisse bis 16 mm Dicke; für Dicken $> 16 \leqq 40$ mm erniedrigen sie sich um 1 kg/mm², für Dicken $> 40 \leqq 100$ mm um 2 kg/mm². Für Dicken über 100 mm sind die Werte zu vereinbaren.

6) Die Werte gelten für Längsproben an Erzeugnissen bis 100 mm Dicke, beim St 52-3 bis 50 mm Dicke. Bei Blech, Breitflachstahl und Band über 3 mm Dicke dürfen sie für Querproben im normalgeglühten Zustand um 2 Punkte, im warmgewalzten Zustand um 4 Punkte unterschritten werden. Für Dicken > 100 mm, beim St 52-3 > 50 mm, sind die Werte zu vereinbaren.

7) Die in Klammern angegebenen Werte gelten für warmgewalztes Band von 3 mm Dicke. Für geringere Dicken vermindern sich diese Werte um 2 Punkte je mm Dicke.

8) Für Stücke bis 100 mm Dicke einschließlich oder von entsprechendem Querschnitt; für dickere Erzeugnisse muß der höchstzulässige Kohlenstoffgehalt vereinbart werden.

9) Bei Elektrostahl ist ein Stickstoffgehalt bis 0,012 % in der Schmelzenanalyse zulässig.

10) Dieser Wert wird nur für Erzeugnisse bis 25 mm Dicke einschließlich gewährleistet.

11) Bei Dicken über 16 mm ist ein Kohlenstoffgehalt von höchstens 0,20 % in der Schmelzenanalyse und von höchstens 0,25 % in der Stückanalyse zulässig.

12) RSt 46-2 wird nur in Dicken bis 20 mm beliefert. Die angegebenen mechanischen Eigenschaften gelten bis zu dieser Grenzdicke.

13) Der Stahl St 46-3 kommt nur für Erzeugnisdicken über 20 bis 30 mm in Betracht. Die angegebenen mechanischen Eigenschaften gelten für diesen Dickenbereich.

14) Der Siliziumgehalt darf 0,55 %, der Mangangehalt 1,50 % in der Schmelzenanalyse nicht übersteigen.

15) Dieser Wert gilt für Erzeugnisse bis 16 mm Dicke. Für Dicken $> 16 \leqq 30$ mm erniedrigt er sich um 1 kg/mm², für Dicken $> 30 \leqq 50$ mm um 2 kg/mm²; für Dicken über 50 mm sind die Werte zu vereinbaren.

16) Bei Blech über 16 mm Dicke sowie bei Band und Breitflachstahl aller Dicken darf ein Kohlenstoffgehalt von 0,22 % in der Schmelzenanalyse und von 0,24 % in der Stückanalyse nicht beanstandet werden.

17) Ungefährer Mittelwert.

Bei diesen Anteilen handelt es sich zum Teil nicht um vorgesehene Legierungen, sondern um unbeabsichtigte Verunreinigungen, die teils von den verwendeten Vormaterialien herrühren, teils auf die Erschmelzungsart zurückzuführen sind. Es ist nicht möglich, sie ganz vom Stahl fernzuhalten.

Das Hauptkennzeichen der unlegierten Stähle ist natürlich der Kohlenstoff-Gehalt, der zwischen 0,1 und 1,5 % liegt. Diese enge Spanne umfaßt bereits den ganzen Bereich der unlegierten Bau- und Werkzeugstähle. So groß ist eben die Wirkung des Kohlenstoffs, wie schon im Abschnitt 2 dargestellt.

A. Allgemeine Baustähle (Massenstähle)

Den Hauptanteil der unlegierten Stähle bilden die „Allgemeinen Baustähle", die vielfach auch als Massenstähle bezeichnet werden. Wir begegnen ihnen bei Kran-Konstruktionen, Eisenbahnwaggons, im Brückenbau, Hausbau (besonders Hochhausbau) und Hallenbau, um nur einige wenige Anwendungsgebiete zu nennen. Sie werden hauptsächlich als Stabstahl (Rund- und Vierkantstahl, U-Profile, T-Profile, I-Profile, Breitflanschträger usw.) sowie in Form von Blechen geliefert.

Die Massenstähle werden nicht unter einer Firmenmarke, sondern einfach nach der Festigkeit verkauft. Diese hängt, wie wir wissen, von der Höhe des Kohlenstoff-Gehalts ab. Mit steigendem C-Gehalt nimmt der Perlit-Anteil im Gefüge zu, und damit steigt auch die Festigkeit an.

Die DIN-Norm 17 100 (Zahlentafel 1), in der die „Allgemeinen Baustähle" beschrieben werden, kennt folgende Stähle: St 33, St 34, St 37, St 42, St 46, St 50, St 52, St 60 und St 70. Bei diesen Bezeichnungen gibt die Zahl nach den Buchstaben „St" jeweils die Mindestfestigkeit an, die der Stahl im Lieferzustand besitzen muß. Aus Zahlentafel 1 ist die Auswirkung des C-Gehaltes auf die Festigkeit des Stahles klar zu erkennen. Ausdrücklich festgestellt sei, daß bei diesen Stählen die angegebenen Festigkeiten in der Regel nicht erst durch eine besondere Wärmebehandlung, sondern schon durch das bloße Abkühlen an der Luft nach dem Walzen erreicht werden.

Außer den einfachen Festigkeitseigenschaften (Zugfestigkeit, Streckgrenze, Dehnung) sind in vielen Fällen für die Verwendung zusätzliche Eigenschaften erforderlich. Solche sind vor allem die Schweißbarkeit[1] sowie die Unempfindlichkeit gegen sprödes Brechen. Die Schweißbarkeit eines Stahles hängt weitgehend vom Kohlenstoff-Gehalt ab. Im allgemeinen ist sie durch einen oberen C-Gehalt von 0,22 % begrenzt. Darüber hinaus ist das Schmelzschweißen nur unter besonderen Vorkehrungen wie z. B. Vorwärmen zu empfehlen. Die Sprödbruchempfindlichkeit läßt sich durch Zugabe von Aluminium bei der Erschmelzung mindern.

Die DIN-Norm 17 100 führt drei Gütegruppen von „Allgemeinen Baustählen" an. Die Gütegruppe 1 sieht keine besonderen Angaben hinsichtlich der Sprödbruchempfindlichkeit vor. Baustähle der Gruppe 2 müssen durch eine Kerbschlagprobe, der eine Alterungsbehandlung vorauszugehen hat, geprüft werden. Über das Altern wird im Abschnitt „Stickstoff" Näheres gesagt. Durch das Altern wirkt der vor allem im Windfrischstahl (Thomasstahl) vorhandene Stickstoff versprödend, wenn er nicht durch Aluminium abgebunden ist. Stähle der Gütegruppe 3 müssen eine Mindest-Kerbschlagzähigkeit (siehe Abschnitt „Prüfung der Stähle") bei einer erniedrigten Temperatur – im allgemeinen bei 0° – aufweisen. Für Teile, die Alterungsbedingungen ausgesetzt werden, müssen Stähle der Gruppe 2 oder 3 verwendet werden.

Da die Massenstähle in großen Mengen verarbeitet werden, müssen sie billig sein. Es kommen deshalb nur Herstellungsverfahren in Frage, die in kurzer Zeit große Mengen zu erschmelzen gestatten. Das sind vor allem die Windfrischverfahren und die Erschmelzung in großen Siemens-Martin-Öfen, über die wir im Abschnitt 33 Näheres erfahren.

B. Unlegierte Vergütungs- und Einsatzstähle

Die Stähle dieser Gruppen zeichnen sich gegenüber Massenstählen vor allem durch größere Reinheit aus, d. h. die unbeabsichtigten Beimengungen sind in engeren Grenzen gehalten. Solcher Reinheitsgrad läßt sich aber beim Windfrischen, d. h. bei der Erzeugung in der Thomasbirne, nicht erreichen. Diese Stähle werden deshalb im Siemens-Martin-Ofen erschmolzen – für besondere Ansprüche sogar im Elektroofen. Hierbei erzielt man vor allem geringere Schwefel-

---

[1] Vgl. H. Lueb: Kleine Werkstoffkunde für das Schweißen von Stahl und Eisen, 4. Auflage, Düsseldorf: Deutscher Verlag für Schweißtechnik 1964.

Zahlentafel 2. *Chemische Zusammensetzung der Vergütungs-*

| Stahlsorte | | Chemische Zusammensetzung in Gew.-% | | | |
Kurzname	Werkstoff-nummer	C	Si	Mn	P höchstens
Qualitätsstähle					
C 25 *)	1.0406	0,22 bis 0,29	0,15 bis 0,40	0,40 bis 0,70	0,045
C 35	1.0501	0,32 bis 0,39	0,15 bis 0,40	0,50 bis 0,80	0,045
C 45	1.0503	0,42 bis 0,50	0,15 bis 0,40	0,50 bis 0,80	0,045
C 55	1.0535	0,52 bis 0,60	0,15 bis 0,40	0,60 bis 0,90	0,045
C 60	1.0601	0,57 bis 0,65	0,15 bis 0,40	0,60 bis 0,90	0,045
Edelstähle					
Ck 25 *)	1.1158	0,22 bis 0,29	0,15 bis 0,40	0,40 bis 0,70	0,035
Ck 35	1.1181	0,32 bis 0,39	0,15 bis 0,40	0,50 bis 0,80	0,035
Cm 35	1.1180	0,32 bis 0,39	0,15 bis 0,40	0,50 bis 0,80	0,035
Ck 45	1.1191	0,42 bis 0,50	0,15 bis 0,40	0,50 bis 0,80	0,035
Cm 45	1.1201	0,42 bis 0,50	0,15 bis 0,40	0,50 bis 0,80	0,035
Ck 55	1.1203	0,52 bis 0,60	0,15 bis 0,40	0,60 bis 0,90	0,035
Cm 55	1.1209	0,52 bis 0,60	0,15 bis 0,40	0,60 bis 0,90	0,035
Ck 60	1.1221	0,57 bis 0,65	0,15 bis 0,40	0,60 bis 0,90	0,035
Cm 60	1.1223	0,57 bis 0,65	0,15 bis 0,40	0,60 bis 0,90	0,035
40 Mn 4 *)	1.5038	0,36 bis 0,44	0,25 bis 0,50	0,80 bis 1,10	0,035
28 Mn 6	1.5065	0,25 bis 0,32	0,15 bis 0,40	1,30 bis 1,65	0,035
38 Cr 2	1.7003	0,34 bis 0,41	0,15 bis 0,40	0,50 bis 0,80	0,035
46 Cr 2	1.7006	0,42 bis 0,50	0,15 bis 0,40	0,50 bis 0,80	0,035
34 Cr 4	1.7033	0,30 bis 0,37	0,15 bis 0,40	0,60 bis 0,90	0,035
34 CrS 4	1.7037	0,30 bis 0,37	0,15 bis 0,40	0,60 bis 0,90	0,035
37 Cr 4	1.7034	0,34 bis 0,41	0,15 bis 0,40	0,60 bis 0,90	0,035
37 CrS 4	1.7038	0,34 bis 0,41	0,15 bis 0,40	0,60 bis 0,90	0,035
41 Cr 4	1.7035	0,38 bis 0,45	0,15 bis 0,40	0,50 bis 0,80	0,035
41 CrS 4	1.7039	0,38 bis 0,45	0,15 bis 0,40	0,50 bis 0,80	0,035
25 CrMo 4	1.7218	0,22 bis 0,29	0,15 bis 0,40	0,50 bis 0,80	0,035
34 CrMo 4	1.7220	0,30 bis 0,37	0,15 bis 0,40	0,50 bis 0,80	0,035
34 CrMoS 4	1.7226	0,30 bis 0,37	0,15 bis 0,40	0,50 bis 0,80	0,035
42 CrMo 4	1.7225	0,38 bis 0,45	0,15 bis 0,40	0,50 bis 0,80	0,035
42 CrMoS 4	1.7227	0,38 bis 0,45	0,15 bis 0,40	0,50 bis 0,80	0,035
50 CrMo 4 *)	1.7228	0,46 bis 0,54	0,15 bis 0,40	0,50 bis 0,80	0,035
32 CrMo 12	1.7361	0,28 bis 0,35	0,15 bis 0,40	0,40 bis 0,70	0,035
36 CrNiMo 4	1.6511	0,32 bis 0,40	0,15 bis 0,40	0,50 bis 0,80	0,035
34 CrNiMo 6	1.6582	0,30 bis 0,38	0,15 bis 0,40	0,40 bis 0,70	0,035
30 CrNiMo 8	1.6580	0,26 bis 0,33	0,15 bis 0,40	0,30 bis 0,60	0,035
50 CrV 4	1.8159	0,47 bis 0,55	0,15 bis 0,40	0,70 bis 1,10	0,035

*) Die Verwendung dieser Stähle sollte möglichst vermieden werden; sie sollen in der nächsten Ausgabe dieser Norm gestrichen werden.

stähle (Schmelzanalyse) (nach DIN 17 200, Entwurf 1967)

	Chemische Zusammensetzung in Gew.-%				
S	Cr	Mo	Ni	V
Qualitätsstähle					
$\leq$ 0,045	—	—	—	—
$\leq$ 0,045	—	—	—	—
$\leq$ 0,045	—	—	—	—
$\leq$ 0,045	—	—	—	—
$\leq$ 0,045	—	—	—	—
Edelstähle					
$\leq$ 0,035	—	—	—	—
$\leq$ 0,035	—	—	—	—
0,020 bis 0,035	—	—	—	—
$\leq$ 0,035	—	—	—	—
0,020 bis 0,035	—	—	—	—
$\leq$ 0,035	—	—	—	—
0,020 bis 0,035	—	—	—	—
$\leq$ 0,035	—	—	—	—
0,020 bis 0,035	—	—	—	—
$\leq$ 0,035	—	—	—	—
$\leq$ 0,035	—	—	—	—
$\leq$ 0,035	0,40 bis 0,60	—	—	—
$\leq$ 0,035	0,40 bis 0,60	—	—	—
$\leq$ 0,035	0,90 bis 1,20	—	—	—
0,020 bis 0,035	0,90 bis 1,20	—	—	—
$\leq$ 0,035	0,90 bis 1,20	—	—	—
0,020 bis 0,035	0,90 bis 1,20	—	—	—
$\leq$ 0,035	0,90 bis 1,20	—	—	—
0,020 bis 0,035	0,90 bis 1,20	—	—	—
$\leq$ 0,035	0,90 bis 1,20	0,15 bis 0,30	—	—
$\leq$ 0,035	0,90 bis 1,20	0,15 bis 0,30	—	—
0,020 bis 0,035	0,90 bis 1,20	0,15 bis 0,30	—	—
$\leq$ 0,035	0,90 bis 1,20	0,15 bis 0,30	—	—
0,020 bis 0,035	0,90 bis 1,20	0,15 bis 0,30	—	—
$\leq$ 0,035	0,90 bis 1,20	0,15 bis 0,30	—	—
$\leq$ 0,035	2,80 bis 3,30	0,30 bis 0,50	($\leq$ 0,30)	—
$\leq$ 0,035	0,90 bis 1,20	0,15 bis 0,30	0,90 bis 1,20	—
$\leq$ 0,035	1,40 bis 1,70	0,15 bis 0,30	1,40 bis 1,70	—
$\leq$ 0,035	1,80 bis 2,20	0,30 bis 0,50	1,80 bis 2,20	—
$\leq$ 0,035	0,90 bis 1,20	—	—	0,10 bis 0,20

Zahlentafel 3. *Gewährleistete mechanische Eigenschaften der Stähle*

Kurzname	Werkstoff-nummer	Streckgrenze (0,2-Grenze) kg/mm² mindestens	Zugfestigkeit kg/mm²	Bruchdehnung ($L_0 = 5\,d_0$) % mindestens	Brucheinschnürung % mindestens	Kerbschlagzähigkeit (DVM-Proben) kgm/cm² mindestens	Streckgrenze (0,2-Grenze) kg/mm² mindestens	Zugfestigkeit kg/mm²	Bruchdehnung ($L_0 = 5\,d_0$) % mindestens	Brucheinschnürung % mindestens	Kerbschlagzähigkeit (DVM-Proben) kgm/cm² mindestens
		$\leqq$ 16 mm Durchmesser					$>$ 16 $\leqq$ 40 mm Durchmesser				
C 25	1.0406	37	55 bis 70	19	40	—	31	50 bis 65	21	45	—
C 35	1.0501	43	63 bis 78	17	35	—	37	59 bis 74	19	40	—
C 45	1.0503	49	71 bis 86	14	30	—	42	67 bis 82	16	35	—
C 55	1.0535	55	80 bis 95	12	20	—	47	75 bis 90	14	30	—
C 60	1.0601	58	85 bis 100	11	20	—	50	80 bis 95	13	30	—
Ck 25	1.1158	37	55 bis 70	19	45	8	31	50 bis 65	21	50	8
Ck 35 Cm 35	1.1181 1.1180	43	63 bis 78	17	40	6	37	59 bis 74	19	45	6
Ck 45 Cm 45	1.1191 1.1201	49	71 bis 86	14	35	4	42	67 bis 82	16	40	4
Ck 55 Cm 55	1.1203 1.1209	55	80 bis 95	12	25	—	47	75 bis 90	14	35	—
Ck 60 Cm 60	1.1221 1.1223	58	85 bis 100	11	25	—	50	80 bis 95	13	35	—
40 Mn 4	1.5038	65	90 bis 110	12	40	5	55	80 bis 95	14	45	6
28 Mn 6	1.5065	60	80 bis 95	13	40	6	50	70 bis 85	15	45	7
38 Cr 2	1.7003	55	80 bis 95	14	40	6	45	70 bis 85	15	45	6
46 Cr 2	1.7006	65	90 bis 110	12	40	5	55	80 bis 95	14	45	6
34 Cr 4 34 CrS 4	1.7033 1.7037	70	90 bis 110	12	40	6	60	80 bis 95	14	45	7
37 Cr 4 37 CrS 4	1.7034 1.7038	75	95 bis 115	11	40	5	64	85 bis 100	13	45	6
41 Cr 4 41 CrS 4	1.7035 1.7039	80	100 bis 120	11	40	5	68	90 bis 110	12	45	6
25 CrMo 4	1.7218	70	90 bis 110	12	50	7	60	80 bis 95	14	55	8
34 CrMo 4 34 CrMoS 4	1.7220 1.7226	80	100 bis 120	11	45	6	68	90 bis 110	12	50	7
42 CrMo 4 42 CrMoS 4	1.7225 1.7227	90	110 bis 130	10	40	5	78	100 bis 120	11	45	6
50 CrMo 4	1.7228	90	110 bis 130	9	40	5	80	100 bis 120	10	45	5
32 CrMo 12	1.7361	90	110 bis 130	10	35	6	85	105 bis 125	10	40	7
36 CrNiMo 4	1.6511	90	110 bis 130	10	45	6	80	100 bis 120	11	50	6
34 CrNiMo 6	1.6582	100	120 bis 140	9	40	6	90	110 bis 130	10	45	7
30 CrNiMo 8	1.6580	105	125 bis 145	9	40	5	105	125 bis 145	9	40	5
50 CrV 4	1.8159	90	110 bis 130	9	40	5	80	100 bis 120	10	45	5

[1]) Kennbuchstabe „V", z.B. C 35 V.

im vergüteten Zustand [1]) (nach DIN 17 200, Entwurf 1967)

Streckgrenze (0,2-Grenze) kg/mm² mindestens	Zugfestigkeit kg/mm²	Bruchdehnung ($L_0 = 5\,d_0$) % mindestens	Brucheinschnürung % mindestens	Kerbschlagzähigkeit (DVM-Proben) kgm/cm² mindestens	Streckgrenze (0,2-Grenze) kg/mm² mindestens	Zugfestigkeit kg/mm²	Bruchdehnung ($L_0 = 5\,d_0$) % mindestens	Brucheinschnürung % mindestens	Kerbschlagzähigkeit (DVM-Proben) kgm/cm² mindestens	Streckgrenze (0,2-Grenze) kg/mm² mindestens	Zugfestigkeit kg/mm²	Bruchdehnung ($L_0 = 5\,d_0$) % mindestens	Brucheinschnürung % mindestens	Kerbschlagzähigkeit (DVM-Proben) kgm/cm² mindestens
> 40 ≦ 100 mm Durchmesser					> 100 ≦ 160 mm Durchmesser					> 160 ≦ 250 mm Durchmesser				
33	55 bis 70	20	45	—	—	—	—	—	—	—	—	—	—	—
38	63 bis 78	17	40	—	—	—	—	—	—	—	—	—	—	—
43	71 bis 86	15	35	—	—	—	—	—	—	—	—	—	—	—
46	75 bis 90	14	35	—	—	—	—	—	—	—	—	—	—	—
33	55 bis 70	20	50	6	—	—	—	—	—	—	—	—	—	—
38	63 bis 78	17	45	4	—	—	—	—	—	—	—	—	—	—
43	71 bis 86	15	40	—	—	—	—	—	—	—	—	—	—	—
46	75 bis 90	14	40	—	—	—	—	—	—	—	—	—	—	—
45	70 bis 85	15	50	6	—	—	—	—	—	—	—	—	—	—
45	65 bis 80	16	50	7	—	—	—	—	—	—	—	—	—	—
35	60 bis 75	17	50	6	—	—	—	—	—	—	—	—	—	—
45	70 bis 85	15	50	6	—	—	—	—	—	—	—	—	—	—
47	70 bis 85	15	50	7	—	—	—	—	—	—	—	—	—	—
52	75 bis 90	14	50	6	—	—	—	—	—	—	—	—	—	—
57	80 bis 95	14	50	6	—	—	—	—	—	—	—	—	—	—
47	70 bis 85	15	60	8	—	—	—	—	—	—	—	—	—	—
57	80 bis 95	14	55	7	52	75 bis 90	15	60	7	47	70 bis 85	15	60	7
65	90 bis 110	12	50	6	57	80 bis 95	13	55	6	52	75 bis 90	14	55	6
70	90 bis 110	12	50	5	65	85 bis 100	13	50	5	60	80 bis 95	13	50	5
80	100 bis 120	11	45	7	75	95 bis 115	12	50	7	70	90 bis 110	12	55	7
70	90 bis 105	12	55	7	60	80 bis 95	13	60	7	55	75 bis 90	14	60	7
80	100 bis 120	11	50	7	70	90 bis 110	12	55	7	60	80 bis 95	13	55	7
90	110 bis 130	10	45	6	80	100 bis 120	11	50	7	70	90 bis 110	12	55	7
70	90 bis 110	12	50	5	65	85 bis 100	13	50	5	60	80 bis 95	13	50	5

und Phosphorgehalte sowie eine Verringerung der Schlackeneinschlüsse.

In der Praxis werden von diesen Stählen zwei Gütegruppen geführt: die Qualitätsstähle und die Edelstähle. Die letzteren zeichnen sich gegenüber den Qualitätsstählen durch noch geringere Gehalte an den schädlichen Beimengungen P und S, durch erhöhte Schlackenreinheit und durch größere Gleichmäßigkeit ihrer Eigenschaften, besonders im Hinblick auf die Wärmebehandlung, sowie eine bessere Oberfläche aus. Daß diese Eigenschaften nur durch ein ausgebautes Kontrollsystem verbürgt werden können, wird jedermann verständlich sein. Dadurch erklärt sich wenigstens zum Teil auch der höhere Preis gegenüber den Massenstählen. In den späteren Abschnitten „Prüfung der Stähle" und „Über die Erzeugung von Eisen und Stahl" wird auf diese Fragen näher eingegangen.

Im Gegensatz zu den Massenstählen werden die Vergütungs- und Einsatzstähle vor ihrer Verwendung einer Wärmebehandlung unterzogen, wodurch ihre besonderen Eigenschaften erst richtig ausgebildet werden. Damit sind die Stähle geeignet, höhere Beanspruchungen zu bestehen, als bei den Massenstählen erwartet werden darf.

Verwendet werden die unlegierten Vergütungs- und Einsatzstähle in erster Linie für Maschinenteile und für Teile im Fahrzeugbau (Wellen, Kurbelwellen, Pleuel, Zahnräder usw.).

Die Stähle dieser Gruppe werden hauptsächlich als Rundstahl, weniger als Vierkantstahl, vielfach aber in Gestalt von Freiformschmiedestücken und Gesenkschmiedestücken geliefert.

a) Die unlegierten Vergütungsstähle werden in der DIN-Norm 17 200 (Zahlentafel 2 und 3) erfaßt. Wie schon der Name besagt, erhalten diese Stähle ihre besonderen Eigenschaften erst durch das Vergüten. Diese Art von Wärmebehandlung ist uns schon vom Abschnitt 7 C her bekannt.

Bei Stählen mit verschiedenen Kohlenstoff-Gehalten werden durch das Vergüten verschiedene Festigkeiten im Querschnitt erzielt. Allerdings spielt dabei auch die Abmessung eine Rolle. Zur Erläuterung sei ein Beispiel aus DIN 17 200 entnommen: Der Stahl C 45 (0,42 bis 0,50 % C) weist im vergüteten Zustand folgende Festigkeiten auf:

bei einem Stabstahl-Durchmesser bis 16 mm: 71 bis 86 kg/mm²,

über 16 mm bis 40 mm: 67 bis 82 kg/mm².

b) **Die unlegierten Einsatzstähle** sind in DIN 17 210 (Zahlentafel 4) enthalten. Das Einsatz-Verfahren ist uns schon vom Abschnitt 7 B β her bekannt.

Es sei in Erinnerung gebracht, daß bei diesen Stählen der Kohlenstoff-Gehalt sehr niedrig liegt, weshalb sie im Lieferzustand wenig oder gar nicht härtbar sind. Die fertiggestellten Teile erfahren, wie in dem genannten Abschnitt beschrieben, durch das Einsetzen eine hohe Aufkohlung der Oberfläche. Bei der nachfolgenden Härtung wird nur diese dünne Randzone hart, während der nicht aufgekohlte Kern weich und zäh bleibt. Teile mit hoher Oberflächenhärte und Verschleißfestigkeit, verbunden mit zähem Kern, werden vor allem im Maschinenbau verwendet. Als Beispiele seien genannt: Wellen, Zahnräder, Nocken bei Ventilsteuerungen.

In der Praxis hat sich herausgestellt, daß für die vorkommenden Zwecke zwei Abstufungen von unlegierten Einsatzstählen ausreichen. Sie sind in der genannten DIN-Norm 17 210 enthalten. Es handelt sich um die Stähle C 10 (C-Gehalt 0,07 bis 0,13 %) und C 15 (C-Gehalt 0,12 bis 0,18 %). Diese beiden Stähle ergeben bei der Wärmebehandlung natürlich auch zwei Abstufungen der Kernfestigkeit. Sie beträgt für 30 mm Durchmesser bei dem Stahl C 10 etwa 50 bis 65 kg/mm² und bei dem Stahl C 15 etwa 60 bis 80 kg/mm².

C. Unlegierte Werkzeugstähle

Während für die Baustähle der Grundsatz gilt, daß die legierten Sorten den unlegierten in jeder Beziehung überlegen sind, trifft dies für die unlegierten Werkzeugstähle ganz und gar nicht zu.

Zunächst einmal ist zu sagen, daß bei den Werkzeugstählen ganz allgemein sehr viel höhere Anforderungen an die Gleichmäßigkeit der Zusammensetzung sowie an die Schlackenreinheit gestellt werden als bei Baustählen. Deshalb können sie in hoher Güte nur im Elektroofen erschmolzen werden. Werkzeugstähle, an die geringere Anforderungen gestellt werden, lassen sich auch im Siemens-Martin-Ofen herstellen.

Ob für einen bestimmten Verwendungszweck ein legierter oder besser ein unlegierter Werkzeugstahl zu nehmen ist, hängt von den geforderten Eigenschaften des anzufertigenden Werkzeuges ab. Aus Abschnitt 8 A wissen wir, daß die legierten Stähle meist durchhärten, während die Kohlenstoffstähle nur bis zu einer begrenzten Tiefe

Zahlentafel 4. *Einsatzstähle* (nach DIN 17 210, Entwurf 1967)
a) Chemische Zusammensetzung (Schmelzenanalyse)

Stahlsorte		Chemische Zusammensetzung in Gew.-%							
Kurzname	Werk-stoff-nummer	C	Si	Mn	P	S	Cr	Mo	Ni
Qualitätsstähle									
C 10	1.0301	0,07 bis 0,13	0,15 bis 0,40	0,30 bis 0,60	$\leq$ 0,045	$\leq$ 0,045	—	—	—
C 15	1.0401	0,12 bis 0,18	0,15 bis 0,40	0,30 bis 0,60	$\leq$ 0,045	$\leq$ 0,045	—	—	—
Edelstähle									
Ck 10	1.1121	0,07 bis 0,13	0,15 bis 0,40	0,30 bis 0,60	$\leq$ 0,035	$\leq$ 0,035	—	—	—
Ck 15	1.1141	0,12 bis 0,18	0,15 bis 0,40	0,30 bis 0,60	$\leq$ 0,035	$\leq$ 0,035	—	—	—
Cm 15	1.1140	0,12 bis 0,18	0,15 bis 0,40	0,30 bis 0,60	$\leq$ 0,035	0,020 bis 0,035	—	—	—
15 Cr 3	1.7015	0,12 bis 0,18	0,15 bis 0,40	0,40 bis 0,60	$\leq$ 0,035	$\leq$ 0,035	0,50 bis 0,80	—	—
16 MnCr 5	1.7131	0,14 bis 0,19	0,15 bis 0,40	1,00 bis 1,30	$\leq$ 0,035	$\leq$ 0,035	0,80 bis 1,10	—	—
16 MnCrS 5	1.7139	0,14 bis 0,19	0,15 bis 0,40	1,00 bis 1,30	$\leq$ 0,035	0,020 bis 0,035	0,80 bis 1,10	—	—
20 MnCr 5	1.7147	0,17 bis 0,22	0,15 bis 0,40	1,10 bis 1,40	$\leq$ 0,035	$\leq$ 0,035	1,00 bis 1,30	—	—
20 MnCrS 5	1.7149	0,17 bis 0,22	0,15 bis 0,40	1,10 bis 1,40	$\leq$ 0,035	0,020 bis 0,035	1,00 bis 1,30	—	—
20 MoCr 4	1.7321	0,17 bis 0,22	0,15 bis 0,40	0,60 bis 0,90	$\leq$ 0,035	$\leq$ 0,035	0,30 bis 0,50	0,40 bis 0,50	—
20 MoCrS 4	1.7323	0,17 bis 0,22	0,15 bis 0,40	0,60 bis 0,90	$\leq$ 0,035	0,020 bis 0,035	0,30 bis 0,50	0,40 bis 0,50	—
25 MoCr 4	1.7325	0,23 bis 0,29	0,15 bis 0,40	0,60 bis 0,90	$\leq$ 0,035	$\leq$ 0,035	0,40 bis 0,60	0,40 bis 0,50	—
25 MoCrS 4	1.7326	0,23 bis 0,29	0,15 bis 0,40	0,60 bis 0,90	$\leq$ 0,035	0,020 bis 0,035	0,40 bis 0,60	0,40 bis 0,50	—
15 CrNi 6	1.5919	0,12 bis 0,17	0,15 bis 0,40	0,40 bis 0,60	$\leq$ 0,035	$\leq$ 0,035	1,40 bis 1,70	—	1,40 bis 1,70
18 CrNi 8 *)	1.5920	0,15 bis 0,20	0,15 bis 0,40	0,40 bis 0,60	$\leq$ 0,035	$\leq$ 0,035	1,80 bis 2,10	—	1,80 bis 2,10
17 CrNiMo 6	1.6587	0,14 bis 0,19	0,15 bis 0,40	0,40 bis 0,60	$\leq$ 0,035	$\leq$ 0,035	1,50 bis 1,80	0,25 bis 0,35	1,40 bis 1,70

b) Gewährleistete mechanische Eigenschaften

| Stahlsorte | | Behandlungszustand | | | Behandlungszustand E (im Einsatz gehärtet im Kern) | | | | | | | | | | | |
| | | | | | 11 mm Durchmesser | | | | 30 mm Durchmesser | | | | 63 mm Durchmesser | | | |
Kurzname	Werk-stoff-num-mer	$G^1)^2)$ (weichgeglüht) kg/mm² höchstens	$BF^1)^2)$ (wärmebehandelt auf bestimmte Zugfestigkeit)³) Brinellhärte HB 30 kg/mm²	$BG^1)^2)$ (wärmebehandelt auf Ferrit-Perlit-Gefüge)⁴) kg/mm²	Streckgrenze kg/mm² mindestens	Zugfestigkeit kg/mm²	Bruchdehnung $(L_0 = 5\,d_0)$% mindestens	Brucheinschnürung % mindestens	Streckgrenze kg/mm² mindestens	Zugfestigkeit kg/mm²	Bruchdehnung $(L_0 = 5\,d_0)$% mindestens	Brucheinschnürung % mindestens	Streckgrenze kg/mm² mindestens	Zugfestigkeit kg/mm²	Bruchdehnung $(L_0 = 5\,d_0)$% mindestens	Brucheinschnürung % mindesiens
C 10	1.0301	131	—	—	40	65 bis 80	13	35	30	50 bis 65	16	45	—	—	—	—
Ck 10	1.1121	131	—	—	40	65 bis 80	13	40	30	50 bis 65	16	50	—	—	—	—
C 15	1.0401	140	—	—	45	75 bis 90	12	30	36	60 bis 80	14	40	—	—	—	—
Ck 15	1.1141	140	—	—	45	75 bis 90	12	35	36	60 bis 80	14	45	—	—	—	—
Cm 15	1.1140	140	—	—	45	75 bis 90	12	35	36	60 bis 80	14	45	—	—	—	—
15 Cr 3	1.7015	187	143 bis 187 ⁵)	—	52	80 bis 105	10	35	45	70 bis 90	11	40	—	—	—	—
16 MnCr 5	1.7131	207	156 bis 207 ⁵)	140 bis 187	65	90 bis 120	9	35	60	80 bis 110	10	40	45	65 bis 95	11	40
16 MnCrS 5	1.7139	207	156 bis 207 ⁵)	140 bis 187	65	90 bis 120	9	35	60	80 bis 110	10	40	45	65 bis 95	11	40
20 MnCr 5	1.7147	217	170 bis 217 ⁵)	152 bis 201	75	110 bis 140	7	30	70	100 bis 130	8	35	55	80 bis 110	10	35
20 MnCrS 5	1.7149	217	170 bis 217 ⁵)	152 bis 201	75	110 bis 140	7	30	70	100 bis 130	8	35	55	80 bis 110	10	35
20 MoCr 4	1.7321	207	156 bis 207 ⁵)	140 bis 187	65	90 bis 120	9	35	60	80 bis 110	10	40	—	—	—	—
20 MoCrS 4	1.7323	207	156 bis 207 ⁵)	140 bis 187	65	90 bis 120	9	35	60	80 bis 110	10	40	—	—	—	—
25 MoCr 4	1.7325	217	170 bis 217 ⁵)	152 bis 201	75	110 bis 140	7	30	70	100 bis 130	8	35	—	—	—	—
25 MoCrS 4	1.7326	217	170 bis 217 ⁵)	152 bis 201	75	110 bis 140	7	30	70	100 bis 130	8	35	—	—	—	—
15 CrNi 6	1.5919	217	170 bis 217 ⁵)	152 bis 201	70	98 bis 130	8	35	65	90 bis 120	9	40	55	80 bis 110	10	40
18 CrNi 8*)	1.5920	235	187 bis 235 ⁵)	170 bis 217	85	125 bis 150	7	30	80	120 bis 145	7	35	70	110 bis 135	8	35
17CrNiMo6	1.6587	229	179 bis 229 ⁵)	159 bis 207	80	125 bis 145	7	30	75	110 bis 135	8	35	65	100 bis 130	8	35

*) Die Verwendung dieses Stahles sollte möglichst vermieden werden; er soll in der nächsten Ausgabe dieser Norm gestrichen werden.
¹) Diese Kennbuchstaben sind bei der Bestellung an den Kurznamen der Stahlsorte anzuhängen, z.B. 15 Cr 3 G, 16 MnCr 5 BF.
²) Die für diesen Zustand angegebenen Härtewerte gelten nicht für Stahl, der nach der Wärmebehandlung kalt verformt wurde.
³) Für Durchmesser bis ≈ 150 mm. ⁴) Für Durchmesser bis ≈ 60 mm.
⁵) Wenn im Hinblick auf die Zerspanbarkeit eine höhere Festigkeit verlangt wird, so kann der Stahl nach Vereinbarung vergütet geliefert werden.

einhärten und der Kern selbst zäh bleibt. Es gibt nun sehr viele und wichtige Werkzeuge, die neben einer hochharten Oberfläche einen zähen Kern haben müssen. Als Beispiel seien nur die Kaltschlagmatrizen für die Herstellung von Schrauben angeführt. Für solche Werkzeuge sind legierte Durchhärter trotz des höheren Preises unbrauchbar. Andere Werkzeuge wieder, z. B. Äxte und Beile, müssen gut teilhärtbar sein. Diese beiden grundsätzlichen Forderungen, eine hochharte Randschicht bei zähem Kern und gute Teilhärtbarkeit, sind nur zu erreichen, wenn die kritische Abkühlungsgeschwindigkeit sehr hoch ist. Und das ist eben nur bei den *unlegierten* Werkzeugstählen der Fall.

Während der Kohlenstoff nur auf die Härte des Stahles Einfluß hat, ist für die Güte der Reinheitsgrad maßgebend, wie schon ausführlich dargestellt wurde. Die Edelstahlwerke liefern die unlegierten Werkzeugstähle meistens in drei Güteklassen: eine besonders reine Extraqualität, eine gute Primaqualität und eine entsprechend geminderte dritte Qualität. Die beiden ersten Güteklassen werden meistens im Elektroofen erschmolzen, die dritte im Siemens-Martin-Ofen. Die drei Klassen unterscheiden sich vor allem durch die Einhärtungstiefe sowie durch die Härteempfindlichkeit. Die Einhärtungstiefe ist um so geringer, je kleiner der prozentuale Anteil der Begleitelemente Mangan und Silizium ist. Härteempfindlich nennt man einen Stahl dann, „wenn er gegen geringe Änderungen (Abweichungen) der Härtetemperatur, der Anwärmezeit, der Abschreckflüssigkeit usw. empfindlich ist" (RAPATZ: Die Edelstähle). Bei härteempfindlichen Stählen muß der Verbraucher deshalb die vom Lieferwerk vorgeschriebene Wärmebehandlung besonders genau beachten.

Die grundsätzlichen Eigenschaften der unlegierten Werkzeugstähle sind im Stahl-Eisen-Werkstoffblatt 150–63 (Zahlentafel 5) festgelegt. Auch hier erscheinen die oben erwähnten drei Gütegruppen, welche die Bezeichnungen W 1, W 2 und W 3 führen. Vor diese Bezeichnungen wird der Buchstabe C mit dem entsprechenden Kohlenstoff-Gehalt gesetzt. Auf diese Weise erscheint eine Stahlqualität eindeutig festgelegt. Als Beispiel sei angeführt: Bei einem Stahl, der nach dem Werkstoffblatt 150–63 die Bezeichnung C 70 W 1 führt, handelt es sich um einen Stahl der ersten, d. h. der besten Güteklasse mit einem C-Gehalt von 0,70 %.

Unlegierte Werkzeugstähle mit einem Kohlenstoff-Gehalt von über 0,70 % ergeben keine allzu großen Unterschiede mehr in der

Zahlentafel 5. *Chemische Zusammensetzung und Einteilung der unlegierten Stähle für Werkzeuge*
(nach Stahl-Eisen-Werkstoffblatt 150—63)

Güteklasse		Kurzname nach DIN 17006	Werkstoffnummer nach DIN 17007 Blatt 2				Chemische Zusammensetzung in Gew.-% (Anhaltsangaben)				
			all-ge-mein	für Feilen oder Raspeln	für Sensen oder Sicheln	für Stein-bear-bei-tungs-werk-zeuge	C	Si	Mn	P	S
							etwa			höchstens	höchstens
Edelstähle	1. Güte	C 125 W 1	1.1560	—	—	—	1,25	0,10 bis 0,25	0,10 bis 0,25	0,025	0,025
		C 110 W 1	1.1550	—	—	—	1,10	0,10 bis 0,25	0,10 bis 0,25	0,025	0,025
		C 100 W 1	1.1540	—	—	—	1,00	0,10 bis 0,25	0,10 bis 0,25	0,025	0,025
		C 85 W 1	1.1530	—	—	—	0,85	0,10 bis 0,25	0,10 bis 0,30	0,025	0,025
		C 70 W 1	1.1520	—	—	—	0,70	0,10 bis 0,25	0,10 bis 0,35	0,025	0,025
	2. Güte	C 125 W 2	1.1660	1.1663	—	—	1,25	0,10 bis 0,30	0,10 bis 0,35	0,030	0,030
		C 110 W 2	1.1650	—	1.1652	1.1651	1,10	0,10 bis 0,30	0,10 bis 0,35	0,030	0,030
		C 100 W 2	1.1640	—	1.1642	1.1641	1,00	0,10 bis 0,30	0,10 bis 0,35	0,030	0,030
		C 85 W 2	1.1630	—	—	1.1631	0,85	0,10 bis 0,30	0,10 bis 0,35	0,030	0,030
		C 70 W 2	1.1620	—	—	1.1621	0,70	0,10 bis 0,30	0,10 bis 0,35	0,030	0,030
	3. Güte	C 90 W 3	1.1760	—	—	1.1761	0,90	0,15 bis 0,40	0,40 bis 0,60	0,035	0,035
		C 75 W 3	1.1750	—	—	—	0,75	0,15 bis 0,40	0,60 bis 0,80	0,035	0,035
		C 67 W 3	1.1744	—	—	—	0,67	0,15 bis 0,40	0,60 bis 0,80	0,035	0,035
		C 60 W 3	1.1740	—	—	1.1741	0,60	0,15 bis 0,40	0,60 bis 0,80	0,035	0,035
		C 45 W 3	1.1730	1.1733	1.1732	—	0,45	0,15 bis 0,40	0,60 bis 0,80	0,035	0,035
		C 35 W 3	1.1720	1.1723	—	—	0,35	0,15 bis 0,40	0,40 bis 0,60	0,035	0,035
	Stähle für Sonder-zwecke	C 87 WS[1]	1.1840	—	—	—	0,85	0,25 bis 0,40	0,50 bis 0,70	0,025	0,020
		C 85 WS	1.1830	—	—	—	0,85	0,25 bis 0,40	0,50 bis 0,70	0,025	0,025
		C 80 WS	—	—	1.1822	—	0,80	0,08 bis 0,15	0,20 bis 0,32	0,030	0,030
		C 55 WS	1.1820	—	—	—	0,55	< 0,15	0,30 bis 0,50	0,030	0,030
		C 15 WS[2]	1.1805	—	—	—	0,15	0,15 bis 0,35	0,25 bis 0,50	0,030	0,030

[1] Muß im Elektroofen erschmolzen werden.   [2] Werkzeugstahl für Einsatzhärtung.

Oberflächenhärte. Dagegen ist ihre Verschleißfestigkeit sehr unterschiedlich – sie ist um so größer, je höher der C-Gehalt ist. Vom Abschnitt „Die Wärmebehandlung" her verstehen wir die Erklärung für diese Erscheinung. Dort heißt es auf Seite 20: „Die eigentliche Härtung erstreckt sich bei diesen Stählen (d. h. bei den Stählen mit über 0,80 % C) nur auf die Perlitkristalle. Die harten Zementitkugeln liegen nach dem Härten eingebettet in die gehärtete Grundmasse". Gerade von diesen Zementitkugeln aber hängt die Verschleißfestigkeit ab: je größer der Anteil dieses kugeligen Zementits, um so größer die Verschleißfestigkeit. Der Anteil an Zementit steigt aber bekanntlich mit dem Kohlenstoff-Gehalt.

Als Verwendungsbeispiele für die Stähle der Güte 1 seien genannt:

0,70 % C (C 70 W 1) Sondermesser (Fleischermesser), Nadeln für die Textilindustrie, Holzbandsägen;

0,85 % C (C 85 W 1) kleinere Gesenke, Scherenmesser, Schnitte und Stanzen, Hohlprägewerkzeuge;

1,0 % C (C 100 W 1) Fräser, Tiefziehwerkzeuge, Preß- und Prägewerkzeuge, Kaltlochstempel;

1,1 % C (C 110 W 1) kleine Schnitte und Stanzen, Gewindeschneidwerkzeuge, Spiralbohrer, Kaltschlagmatrizen, Ziehringe und Ziehstempel.

Die Stähle der Güte 3 werden auch mit niedrigen Kohlenstoff-Gehalten hergestellt. Wichtig sind in dieser Gruppe die Stähle mit 0,60 und 0,45 % C. Sie werden für viele Handwerkzeuge verwendet, z. B. für Messer und Zangen aller Art, Holzbohrer, Handmeißel, Hämmer, Schraubenzieher, Schraubenschlüssel, Äxte, Beile u. dgl.

10. Manganstähle

Mangan (Mn) findet sich in jedem Stahl. Es ist ein vorzügliches Desoxydationsmittel und bei der Stahlerzeugung unentbehrlich. Die Grenze, unterhalb welcher man einen Stahl noch nicht als manganlegiert ansprechen kann, ist mit etwa 0,80 % Mn anzunehmen. (Bei den unlegierten Elektrostählen wird der Mangangehalt 0,45 % nicht übersteigen.)

Mangan erweitert das Gamma-Feld und macht den Stahl bei höheren Gehalten austenitisch.

Mangan bewirkt eine Vergröberung des Kornes. Manganstähle sind empfindlich in der Wärmebehandlung, vor allem beim Schmieden und Härten.

Durch Mangan wird die kritische Abkühlungsgeschwindigkeit wesentlich verringert, weshalb schon verhältnismäßig niedriglegierte Manganstähle durchhärten.

Die Manganstähle werden eingeteilt in perlitische, martensitische und austenitische. Abb. 23 bringt die Einteilung nach GUILLET, die aber nur einen grundsätzlichen und ungefähren Wert hat. Mit den tatsächlichen Verhältnissen deckt sie sich nicht ganz. Auch gilt die Einteilung nur für Luftabkühlung – durch Abschrecken werden Stähle austenitisch, die nach GUILLET martensitisch sind.

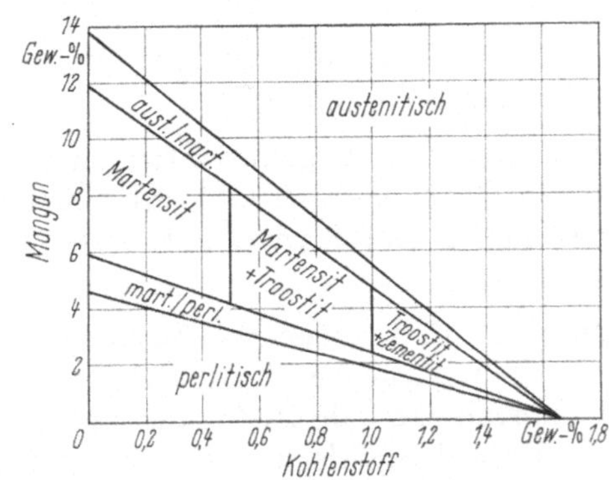

Abb. 23.
Einteilung der Manganstähle
nach GUILLET

Für eine Verwendung eignen sich nur die perlitischen und die austenitischen Manganstähle. Die martensitische Gruppe scheidet wegen der schwierigen Bearbeitbarkeit aus. Die Legierungsgehalte der gebräuchlichen Stähle sind:

a) perlitische Stähle: etwa 0,25 bis 1,0% C, etwa 0,80 bis 2,0% Mn,

b) austenitische Stähle: etwa 0,90 bis 1,3 % C, 10 bis 14 % Mn.

Die perlitischen Stähle werden wegen ihrer guten Vergütbarkeit vor allem als Baustähle (vgl. DIN 17 200 – Zahlentafel 2 und 3) verwendet, aber auch als Werkzeugstähle für Warmgesenke, Schmiedewerkzeuge u. dgl. und bei höherem Kohlenstoffgehalt (bis etwa 1 %) für Schnitte, Schneideisen, Gewindebohrer, Verschleißteile usw.).

Der austenitische Manganstahl mit 12 bis 13 % Mangan ist ein vorzüglicher Verschleißstahl. Seinen Namen „Mangan-Hartstahl" führt er jedoch zu Unrecht, denn er ist weder besonders hart, noch läßt er sich härten. Im Gegenteil wird er durch Abschrecken sogar weicher und zäher. Im rohen Zustande besitzt er nämlich teilweise perlitisches Gefüge, durch das Abschrecken aus 1000° erhält er aber reines und dauerhaftes austenitisches Gefüge. Nach dieser einfachen Wärmebehandlung hat der hochprozentige Manganstahl eine Festigkeit von über 80 kg/mm² und eine Dehnung von über 40 %, dagegen eine niedrige Streckgrenze. Auch die Brinellhärte von 200 kg/mm² ist im Verhältnis zur Zerreißfestigkeit als sehr niedrig anzusprechen. Während sie bei den perlitisch-martensitischen Stählen ungefähr dreimal so hoch ist wie die Zugfestigkeit, ist bei den austenitischen Stählen und insbesondere beim Mangan-Hartstahl das Verhältnis nicht konstant, sondern vom Gefüge und der Oberflächengüte der Zugprobe abhängig.

Erwärmt man abgeschreckten und dadurch rein austenitisch gewordenen Mangan-Hartstahl auf 500 bis 600°, dann tritt teilweise wieder Perlit und Karbid auf – der Stahl wird härter und auch magnetisch.

In noch weit größerem Ausmaße verfestigt sich abgeschreckter Mangan-Hartstahl bei Kaltbearbeitung; die außerordentliche Verfestigungsfähigkeit dieses Stahles ist geradezu als die Ursache seines hohen Verschleißwiderstandes anzusprechen. Wir kennen die Kalthärtung schon vom Abschnitt 7 B b her. Sie tritt auf, wenn Stahl – besonders Mangan-Hartstahl – in kaltem Zustande gezogen, gehämmert oder einer ähnlichen Bearbeitung unterzogen wird, und zwar nur an der Oberfläche der kaltbearbeiteten Stelle. So wird, um nur ein Beispiel herauszugreifen, bei einem Schläger aus Mangan-Hartstahl, wie solche in den bekannten Schlägermühlen zum Zerkleinern von Gestein u. dgl. verwendet werden, nur die Schlagfläche, mit welcher die eigentliche Schlagarbeit geleistet wird, durch den Gebrauch verfestigt, während der ganze übrige Schläger zäh und damit bruchsicher bleibt. Gerade an der Schlagfläche tritt aber der Verschleiß auf. Der Schläger schafft sich also bei der Arbeit selbst, und zwar gerade an der richtigen Stelle, die notwendige große Verschleißhärte. Natürlich wird durch die weitere Arbeit auch die so verfestigte Schlagfläche angegriffen und, wenn auch langsamer, abgenützt. Im gleichen Maße aber, in dem der Verschleiß fortschreitet, geht auch die Oberflächenverfestigung mit. Nach Vorgesagtem wird Mangan-Hartstahl nur dann als Verschleißstahl restlos entsprechen, wenn die Vorbedingungen für Kalthärtung gegeben sind. Bei rein schmirgelnder Beanspruchung – etwa als Werkstoff für die Düsen von Sandstrahlgebläsen – ist Mangan-Hartstahl ungeeignet. Dagegen bewährt er sich für Baggerbolzen, Baggerbüchsen, Brechbacken, Schwalbungen (Brikettformpressen), Schienen, Kreuzungen, Weichen u. dgl. ausgezeichnet.

Ein Stahl, der gegen Abnutzung widerstandsfest ist, wird selbstverständlich auch jeder Bearbeitung großen Widerstand entgegensetzen. Mangan-Hartstahl läßt sich nur durch Schleifen oder mittels Karbidschneidmetallen bearbeiten. Bleche können mit Herzbohrern aus gutem Schnellstahl noch gebohrt werden.

11. Nickelstähle

Das Legierungselement Nickel (Ni) setzt die Umwandlungspunkte A_1 und A_3 wesentlich herab und erweitert somit das Gamma-Feld im Zustandsdiagramm. Der Einfluß des Nickels erstreckt sich hauptsächlich auf die Grundmasse des Stahles. Auf das Korn übt Nickel eine verfeinernde Wirkung aus, womit eine größere Zähigkeit bei gleicher Festigkeit verbunden ist. Die kritische Abkühlungsgeschwin-

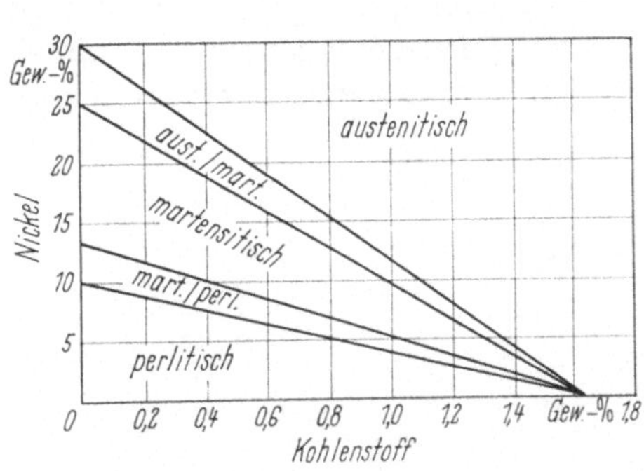

Abb. 24.
Einteilung der Nickelstähle nach GUILLET

digkeit wird durch Nickel stark erniedrigt. Nickelstähle härten daher tiefer ein oder überhaupt durch und sind aus diesem Grunde gute Vergütungsstähle.

Ebenso wie die Manganstähle teilt man auch die Nickelstähle nach ihrem Kohlenstoffgehalt in perlitische, martensitische und austenitische ein (Abb. 24).

Die perlitischen Stähle werden vor allem als Baustähle verwendet, und zwar mit Nickelgehalten von etwa 1,5, 3 und 5 %. Mit Kohlenstoffgehalten unter 0,10 % werden sie im Einsatz gehärtet, für die Vergütbarkeit sind mindestens 0,25 bis 0,45 % Kohlenstoff erforderlich.

Als Werkzeugstähle haben reine Nickelstähle kaum Anwendung gefunden.

Die austenitischen Nickelstähle sind Sondergebieten vorbehalten. Einer Wärmebehandlung werden sie nicht unterzogen. Der *25%ige Nickelstahl* dient als unmagnetischer Baustoff, z. B. für Gehäuse von Kompassen, für Kappenringe usw. Der *36%ige Nickelstahl*, auch Invarstahl (invariabilis = unveränderlich) genannt, zeichnet sich durch geringste Längenausdehnung bei Temperaturveränderungen unter 100° aus. Er eignet sich daher besonders für Meßbänder, Normalmaße, Uhrenpendel u. ä.

Noch höherprozentige Nickelstähle haben auch als Widerstandsdrähte größere Bedeutung gefunden.

Wegen der ähnlichen Wirkung von Nickel und Mangan hat man Nickelstählen auch Mangan zugesetzt und dadurch manche Prozente Nickel gespart.

12. Chromstähle

Das Chrom (Cr) gehört zur Gruppe jener Grundstoffe, die das Gamma-Gebiet verengen und abschnüren. Abb. 25 stellt das Eisen-Chrom-Diagramm dar, das dem Schema in Abb. 22 sehr ähnelt. Wie

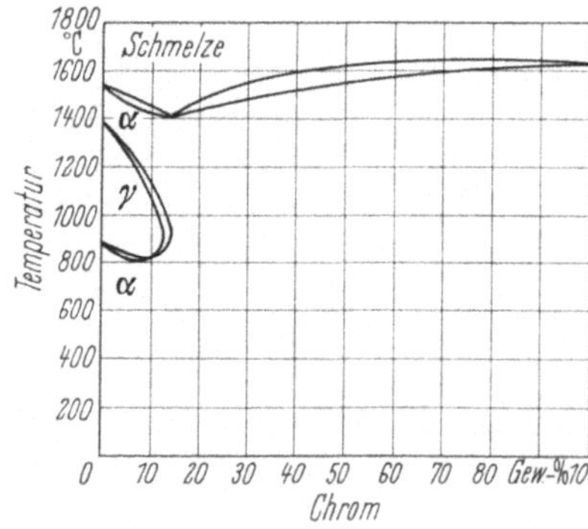

Abb. 25. Eisen-Chrom-Diagramm nach OBERHOFFER und ESSER

man sieht, erstreckt sich das Gamma-Gebiet nur bis zu einem Chromgehalt von etwa 13 %. Bei dieser Konzentration vereinigen sich die Umwandlungslinien A_4 und A_3 und schließen das Gamma-Feld nach rechts ab. Darüber hinaus, d. h. bei Chromgehalten über 13 %, gibt es keine Umwandlung mehr, und vom Schmelzpunkt bis zur Lufttemperatur herab erscheint nur der Ferritkristall.

Bei den Chromstählen finden wir folgende Gruppen:

1. perlitisch-martensitische Gruppe,
2. ferritische Gruppe (ohne Umwandlung),
3. halbferritische Gruppe, bei welcher das Gefüge nur teilweise eine Umwandlung erfährt.

Die erstgenannte perlitisch-martensitische Gruppe läßt sich nach dem Kohlenstoffgehalt unterteilen in:

a) untereutektoide (unterperlitische) Stähle,
b) übereutektoide (überperlitische) Stähle und
c) ledeburitische Stähle.

Abb. 26 zeigt die Lage der drei Gruppen in Hinsicht auf die Zusammensetzung. Die linke der beiden schief ansteigenden Grenzlinien gibt den Ort des Punktes S für die verschiedenen Chrom-

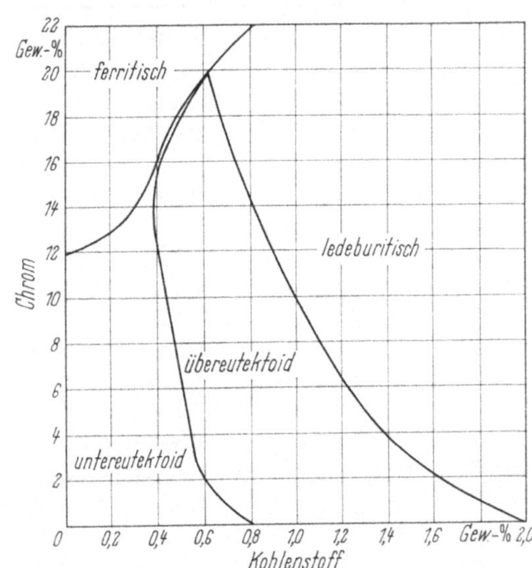

Abb. 26. Gefüge von Chromstählen bei Raumtemperatur nach GOBIN und BOUCHY

gehalte an. Wir sehen, daß dieser Perlitpunkt mit steigendem Chromgehalt stark nach links gerückt wird. Danach ist ein Stahl mit 0,40 % Kohlenstoff und 12 % Chrom schon überperlitisch. Auch der Punkt E wird mit steigendem Chromgehalt wesentlich nach links zu niedrigeren Kohlenstoffgehalten abgerückt, wie die rechte der beiden

Grenzlinien zeigt, so daß ein Stahl mit 12 % Chrom schon bei einem Kohlenstoffgehalt von nur 0,90 % ledeburitisch ist.

Chrom wirkt stark karbidbildend. Durch Chrom wird die Festigkeit und Härte sowie die Streckgrenze bedeutend erhöht, womit natürlich auch hohe Verschleißfestigkeit und Schneidkraft verbunden ist.

Chrom gibt dem Stahl feineres Korn, erniedrigt die „kritische Abkühlungsgeschwindigkeit" und wirkt daher „durchhärtend".

Eine Übersicht über die Verwendungszwecke gibt Zahlentafel 6.

Chrom ist heute das wichtigste Legierungselement für alle hochwertigen Baustähle. Die gebräuchlichen Arten sind unter DIN 17 210

Zahlentafel 6. *Verwendungszwecke von Chromstählen*

Chemische Zusammensetzung in Gew.-%		Verwendungszweck
C	Cr	
0,1 bis 0,2	0,4 bis 0,8	Einsatzstähle
0,1 bis 0,2	0,8 bis 1,5	Einsatzstähle
0,4 bis 0,6	0,9 bis 1,2	Federn
0,3 bis 0,5	1,2 bis 1,5	Preßluft-Arbeitswerkzeuge
0,4 bis 0,6	0,7 bis 1,5	Vergütungsstähle
0,9 bis 1,1	0,8 bis 1,0	Wälzläger, Kaltwalzen, Exzenter, Daumen, Nocken
0,9 bis 1,2	3,0 bis 4,0	Dauermagnete
1,2 bis 1,5	1,3 bis 1,5	Schnitte, Meßwerkzeuge, Gewindebohrer, Rössel, Fräserfeilen
1,8 bis 2,5	1,8 bis 2,2	Zieheisen, Brikettpreßwerkzeuge
1,2 bis 1,5	0,2 bis 0,6	Rasiermesser und Rasierklingen, Ziehringe, Dreh- und Hobelmesser
0,1 bis 0,2	12,5 bis 13,5	Vergütungsfähiger rostbeständiger Stahl
0,3 bis 0,5	12,5 bis 13,5	Härtbarer rostbeständiger Stahl
1,5 bis 2,5	11,0 bis 12,0	Schnitte, Zieheisen, Prägestempel, Kaliberringe, Gewindewalzbacken, Hammersättel
bis 0,15	6,0 bis 30,0	Zunderbeständige Legierungen
1,0 bis 2,0	25,0 bis 30,0 2,5 bis 10,0 Si	Korrosionsbeständige Gußlegierungen
2 bis 4	20 bis 30	Legierungen für Auftragsschweißung
bis 0,12	12,5 bis 13,5	Nicht vergütungsfähiger, rein ferritischer rostbeständiger Stahl
bis 0,12	17 bis 18	

und 17 200 genormt (s. Zahlentafel 2 bis 4). Als Werkzeugstähle sind Chromstähle wegen ihrer guten Härtbarkeit seit langem beliebt. Dabei geht man mit dem Chromgehalt bis 12 % und unter Umständen noch darüber.

Besondere Bedeutung hat der sehr verschleißfeste ledeburitische Stahl mit 11 bis 12 % Chrom und etwa 2,0 % Kohlenstoff als Sonderstahl für Schnitte mit höheren Leistungen gewonnen. Er zeichnet sich zudem durch geringe Maßänderung beim Härten aus.

Stähle mit über 12 % Chrom und nicht über 0,50 % Kohlenstoff sind rostbeständig. Darüber wird in Abschnitt 27 noch gesprochen.

Chrom verbessert die magnetischen Eigenschaften, weshalb Chromstähle (mit Chrom bis 4 %) gute Eignung für Dauermagnete besitzen.

Bei niedrigem Mangangehalt werden höher gekohlte Chromstähle bis zu einem Gehalt von 1 % Chrom in Wasser und darüber in Öl gehärtet, soweit sie nicht Lufthärter sind.

Stähle mit höherem Chromgehalt müssen vor dem Abschrecken längere Zeit auf Härtetemperatur gehalten werden, damit genügend Chromkarbide in Lösung gehen.

Hochprozentige Chromstähle sind schwierig zu schmieden und zu walzen und müssen mit Sorgfalt erhitzt werden.

Die Chromstähle müssen stets gut weichgeglüht werden, damit sie noch wirtschaftlich gedreht, gehobelt oder einer ähnlichen Kaltbearbeitung unterzogen werden können.

13. Chrom-Nickelstähle

Es ist uns bereits bekannt, daß Nickel den Stahl zäh macht und seine Durchhärtung steigert, während Chrom außerdem stark karbidbildend wirkt und dem Stahl gute Härtbarkeit gibt. Es ist daher ohne weiteres verständlich, daß ein Chrom-Nickelstahl noch verbesserte Eigenschaften besitzt gegenüber einem Stahl, der nur mit einem der beiden Grundstoffe Chrom oder Nickel legiert ist.

Nach dem Gefüge unterscheidet man bei den Chrom-Nickelstählen folgende vier Hauptgruppen:

1. die ferritisch-perlitische,
2. die martensitische (und troosto-sorbitische),
3. die austenitisch-martensitische und
4. die austenitische Gruppe.

Abb. 27 gibt eine Übersicht über diese Gruppen nach ihren Legierungsgehalten.

Neben der vierten Gruppe, in welche die in einem besonderen Abschnitt zu besprechenden rost-, säure-, hitzebeständigen und hochwarmfesten Stähle gehören, haben nur die Stähle der ersten Gruppe Bedeutung. Die wichtigsten Stähle dieser Gruppe sind die Baustähle.

Als Werkzeugstahl ist erwähnenswert der Stahl mit etwa 0,50 % C, etwa 1 % Cr und 3 bis 3,5 % Ni. Er wird als Sonderstahl für Prägewerkzeuge verwendet.

Legiert man dem in Abschnitt 11 besprochenen 36%igen Nickelstahl, dem Invarstahl, noch ungefähr 12 % Chrom zu, so erhält man

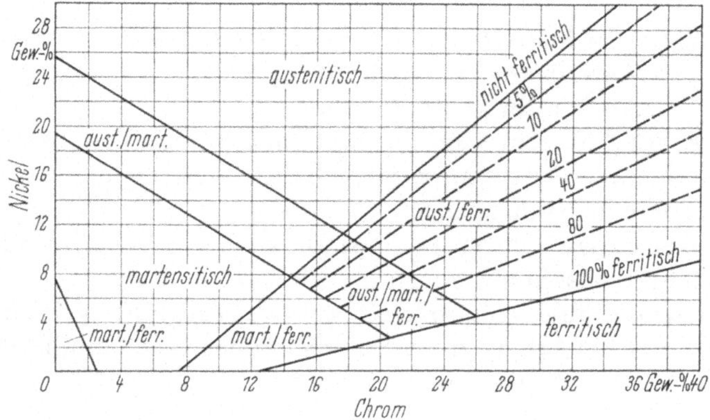

Abb. 27.   Gefüge von Chrom-Nickelstählen bei Raumtemperatur nach SCHAEFFLER

einen Stahl, der eine noch größere Längenbeständigkeit bei Temperaturveränderungen besitzt. Darüber hinaus bleibt auch der Elastizitätsmodul beständig, weshalb man diesen Stahl Elinvarstahl (élasticité invariable) genannt hat.

Die Chrom-Nickelstähle verlangen Vorsicht und Sorgfalt bei der Wärmebehandlung.

14. Chrom-Manganstähle

Chrom-Manganstähle stehen als Werkzeugstähle und als Baustähle in Verwendung.

Als Baustähle sind sie herangezogen worden, um die Chrom-Nickelstähle zu ersetzen, da Mangan, wie bereits bekannt, auf Stahl eine ähnliche Wirkung ausübt wie Nickel. Bei Chrom-Manganstählen sind denn auch tatsächlich durch Vergütung ungefähr gleiche Festigkeitswerte zu erreichen wie bei Chrom-Nickelstählen, die Dehnung bleibt allerdings etwas zurück.

Die Chrom-Manganstähle sind überhitzungsempfindlich, weshalb die für die verschiedenen Marken vorgeschriebenen Temperaturen bei der Wärmebehandlung genau eingehalten werden müssen. Diesen Nachteil kann man übrigens durch einen geringen Vanadinzusatz zum Teil aufheben.

Als Werkzeugstahl ist vor allem der Stahl mit etwa 1,0 % Kohlenstoff, 1,0 % Mangan und 0,5 bis 1,0 % Chrom zu nennen. Er ist Ölhärter und zeichnet sich durch besondere Maßbeständigkeit aus. Verwendet wird er für Gewindebohrer, Reibahlen, Druckrollen, Schnitte u. a. Durch Zulegieren von etwa 1 % Wolfram wird dieser Stahl noch beachtlich verbessert.

Höher legierte Chrom-Manganstähle besitzen auch Beständigkeit gegen Rost- und Säureangriff bei gewöhnlichen wie auch bei hohen Temperaturen und werden in einem besonderen Abschnitt noch besprochen werden (Abschnitt 27). Austenitische Chrom-Manganstähle werden außerdem als antimagnetische Baustähle für verschiedenartige Verwendung herangezogen.

15. Siliziumstähle

Silizium (Si) ist gleich dem Mangan in jedem Stahl enthalten, da schon die Eisenerze je nach ihrer Zusammensetzung eine entsprechende Menge davon mitbringen. Auch bei der Stahlherstellung selbst wird von den feuerfesten Ofenauskleidungen her Silizium in die Schmelze aufgenommen. Aber erst solche Stähle werden Siliziumstähle genannt, die einen Siliziumgehalt von mehr als 0,50 % besitzen.

Silizium ist kein Metall, sondern ein sog. Metalloid, wie es z. B. auch Schwefel und Phosphor sind. Während aber diese auf den Stahl eine nachteilige Wirkung ausüben, ist der Einfluß des Siliziums ähnlich jenem von Metallen.

Silizium verengt den Gamma-Bereich und schnürt ihn ab, so daß Stähle mit höheren Silizium- und niedrigen Kohlenstoffgehalten ferritisch sind, d. h. keine Umwandlung erfahren. Ähnliche Stähle haben wir schon unter den Chromstählen gefunden.

Durch Silizium werden Festigkeit und Streckgrenze des Stahles erhöht, die Dehnung dagegen herabgesetzt.

Silizium verringert in größerem Ausmaße die kritische Abkühlungsgeschwindigkeit, weshalb die Siliziumstähle tiefer einhärten.

Silizium macht den Stahl bei höheren Gehalten grobkörnig.

Einen besonderen Einfluß hat Silizium auf die Art der Ausscheidung des Kohlenstoffs beim Abkühlen des Stahles aus dem Gebiet oberhalb der *G–O–S*-Linie des Eisen-Kohlenstoff-Diagramms. Bei den Siliziumstählen scheidet sich nämlich unter bestimmten Bedingungen der Kohlenstoff zum Teil nicht als Karbid aus, sondern ungebunden in der Form von Graphit (Temperkohle). Das Gefüge zeigt dann Ablagerungen feinster Graphitschüppchen. Solcher Stahl ist schwarzbrüchig. Die Selbstschmierung des Graphits wird in den graphitisierbaren Werkzeugstählen mit etwa 1,5 % C; 1,0 % Si und 0,3 % Mo ausgenutzt.

Die Siliziumstähle werden hauptsächlich als Vergütungsbaustähle und als Federstähle verwendet, letztere mit Gehalten von etwa 1 bis 2 % Silizium und 0,40 bis 0,70 % Kohlenstoff (vgl. DIN 17 221, Zahlentafel 7). Während der 2%ige Mangan-Federstahl bessere Härtbarkeit besitzt, zeichnet sich der 2%ige Silizium-Federstahl durch geringere Härteempfindlichkeit und durch höhere Anlaßbeständigkeit aus, d. h. er setzt den härtemindernden Einflüssen der Anlaßtemperaturen größeren Widerstand entgegen. Diese Vorzüge der beiden Stähle sind in dem auch häufig erzeugten Federstahl mit etwa 1 % Mangan und 1 % Silizium vereinigt (Mangan-Siliziumstahl).

Gute Federstähle sind ferner Chrom-Siliziumstähle mit etwa 0,5 bis 1,5 % Silizium und etwa 0,5 bis 1,0 % Chrom.

Besondere Bedeutung hat ein Chrom-Silizium-Vanadinstahl mit etwa 0,35 bis 0,55 % Kohlenstoff, 0,5 bis 1,5 % Silizium, 0,6 bis 1,5 % Chrom und etwa 0,1 % Vanadin. Seine Anwendung ist vielseitig. Er ist geeignet für alle dauernd durch Schlag oder Stoß beanspruchten Werkzeuge wie Stempel, Scherenmesser, Preßluftmeißel, Nietwerkzeuge u. a. m.

Stähle mit höherem Siliziumgehalt (etwa 14 %) sind widerstandsfähig gegen chemische Einflüsse (s. Abschnitt 27), aber nicht mehr schmiedbar.

Zahlentafel 7. *Warmgeformte Stähle für Federn* (nach DIN 17 221, Vornorm)
a) Chemische Zusammensetzung

Stahlsorte Kurzzeichen	bisher nach DIN 1669	Chemische Zusammensetzung in Gew.-%						
		C	Si	Mn	P höchstens	S	Cr	V
Qualitätsstähle								
38 Si 6	—	0,35 bis 0,42	1,4 bis 1,6	0,50 bis 0,80	0,050	0,050	—	—
46 Si 7	} 4)	0,42 bis 0,50	1,5 bis 1,8	0,50 bis 0,80	0,050	0,050	—	—
51 Si 7		0,48 bis 0,55	1,5 bis 1,8	0,50 bis 0,80	0,050	0,050	—	—
55 Si 7	55 S 7	0,52 bis 0,60	1,5 bis 1,8	0,70 bis 1,0	0,050	0,050	—	—
65 Si 7	65 S 7	0,60 bis 0,68	1,5 bis 1,8	0,70 bis 1,0	0,050	0,050	—	—
60 SiMn 5	—	0,55 bis 0,65	1,0 bis 1,3	0,90 bis 1,1	0,050	0,050	—	—
Edelstähle								
66 Si 7	—	0,60 bis 0,70	1,5 bis 1,8	0,70 bis 1,0	0,035	0,035	—	—
67 SiCr 5	—	0,62 bis 0,72	1,2 bis 1,4	0,40 bis 0,60	0,035	0,035	0,40 bis 0,60	—
50 CrV 4	50 CV 4	0,47 bis 0,55	0,15 bis 0,35	0,80 bis 1,1	0,035	0,035	0,90 bis 1,2	0,07 bis 0,12
58 CrV 4	—	0,55 bis 0,62	0,15 bis 0,35	0,80 bis 1,1	0,035	0,035	0,90 bis 1,2	0,07 bis 0,12

b) Festigkeitseigenschaften

Stahlsorte Kurzzeichen	bisher nach DIN 1669	Behandlungszustand						In der eisenschaffenden Industrie gebräuchliche Werkstoffnummer
		U: Walzzustand		G: weichgeglüht		H + A: gehärtet und angelassen		
		Härte		Härte		Streckgrenze	Zugfestigkeit [1]	Bruchdehnung $(L_0 = 5\,d_0)$ %
		HB 30 kg/mm²	HV [2] kg/mm²	HB 30 kg/mm²	HV [2] kg/mm²	kg/mm²	kg/mm²	
				höchstens		mind.		mind.
Qualitätsstähle								
38 Si 6	—	≈ 240	≈ 240	217	217	105	120 bis 140	6	0967
46 Si 7	} 4)	≈ 255	≈ 255	230	230	110	130 bis 150	6	0968
51 Si 7		≈ 270	≈ 270	230	230	110	130 bis 150	6	0969
55 Si 7	55 S 7	≈ 290	≈ 290	235	235	110	130 bis 150	6	0970
65 Si 7	65 S 7	≈ 310	≈ 310	240	240	110	130 bis 150	6	0971
60 SiMn 5	—	≈ 310	≈ 310	240	240	105	135 bis 155	6	0931
Edelstähle								
66 Si 7	—	> 310	> 310	240	240	120	140 bis 160	6	5028
67 SiCr 5	—	> 310	> 310	240	240	135	150 bis 170	5	7103
50 CrV 4	50 CV 4	> 310	> 310	235	235	120	135 bis 170 [3]	6	8159
58 CrV 4	—	> 310	> 310	235	235	135	150 bis 170	6	8161

[1]) Die Zugfestigkeit läßt sich angenähert aus der Brinellhärte durch Malnehmen mit 0,35 errechnen. Maßgebend ist der Zugversuch.   [2]) Prüfkraft $\geq$ 5 kg.

[3]) Für Straßenfahrzeug-Blattfedern empfiehlt es sich, die Zugfestigkeit von 150 kg/mm² nicht zu überschreiten.   [4]) An Stelle von 48 S 7.

Schließlich sind noch die Siliziumstähle für Dynamo- und Transformatorenbleche zu erwähnen mit Kohlenstoffgehalten von höchstens 0,10 % und Siliziumgehalten bis etwa 4,0 %. Diese Legierungen eignen sich vorzüglich für Wechselstrommagnetisierung, weil sie den Magnetismus rasch aufnehmen und mit geringen Verlusten wieder abgeben.

16. Kobaltstähle

Im Gegensatz zu den anderen Grundstoffen übt das Kobalt (Co) auf das Gefüge keinen großen Einfluß aus. Die Kobaltstähle sind bis zu hohen Legierungsgehalten perlitisch. Die Umwandlungspunkte dieser Stähle entsprechen ungefähr jenen der reinen Kohlenstoffstähle. Durch Kobalt wird die kritische Abkühlungsgeschwindigkeit erhöht, d. h. gleichzeitig die Einhärtetiefe verringert. Bei austenitischen Stählen bewirkt Kobalt eine Verkürzung der Raumgitterabstände, wodurch die Rekristallisationstemperaturen erhöht und Ausscheidungsvorgänge verzögert werden.

Kobalt wirkt der Grobkornbildung entgegen. Die Kobaltstähle sind daher in hohem Maße unempfindlich gegen Überhitzung.

Kobalt beeinflußt sehr günstig die magnetischen Eigenschaften des Stahles. Für Dauermagnete werden Stähle mit Kobaltgehalten zwischen 5 und 30 % verwendet.

Eine besondere Bedeutung hat Kobalt als Zusatzstoff für die mehrfach legierten Schnellstähle gefunden. Darüber hören wir noch im Abschnitt 29.

Reine Kobaltstähle ohne Zusatz anderer Legierungselemente werden praktisch nicht verwendet.

17. Wolframstähle

Wolfram (W) wirkt im Stahl stark karbidbildend und damit härtesteigernd. Es treten mehrere Arten von Wolframkarbiden auf, vor allem das wichtige Doppelkarbid Fe_3W_3C, dem die Wolframstähle ihre hohe Schneidkraft verdanken. Nicht erwünscht ist das einfache Wolframkarbid WC, das sich aber nur unter besonderen Umständen, z. B. durch zu langes Glühen, ausbildet.

In welcher Weise die Punkte S und E durch Wolframzusatz verschoben werden, ist aus Abb. 28 zu ersehen. Je mehr also der

Wolframgehalt steigt, desto mehr sinkt der Kohlenstoffgehalt des Perlitpunktes und des Punktes *E*.

Dagegen werden die Haltepunkte durch Wolfram nicht stark verändert.

Auch die Erniedrigung der kritischen Abkühlungsgeschwindigkeit durch Wolframzusatz ist gering. Wolframstähle härten daher wenig ein und lassen sich bis zu höheren Gehalten in Wasser abschrecken, ohne zu reißen.

Wolfram verfeinert das Korn des Stahles.

Da Wolfram die Dehnung wenig herabsetzt, sind die Wolframstähle zäher als z. B. die Chromstähle.

Wolfram verleiht dem Stahl vorzügliche magnetische Eigenschaften (5 bis 6 % W).

Je höher der Wolframgehalt des Stahles ist, desto mehr muß auch der Kohlenstoffgehalt steigen. Andernfalls würde der ganze vorhandene Kohlenstoff durch das Wolfram zu Karbid abgebunden

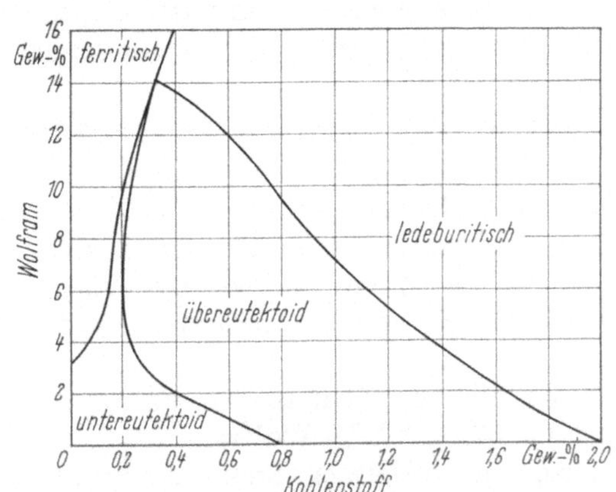

Abb. 28. Gefüge von Wolframstählen bei Raumtemperatur nach GOBIN und BOUCHY

und die Grundmasse kohlenstofffrei werden. Damit würde aber ein solcher Stahl seine Härtbarkeit verlieren, denn ohne Kohlenstoff in der Grundmasse gibt es natürlich keine Umwandlungshärtung.

Wolframstähle neigen wenig zu Grobkornbildung und sind deshalb nicht überhitzungsempfindlich.

Besonders wichtig ist die Eigenschaft des Wolframs, den Stahl anlaßbeständig zu machen. Wolframstähle können bei entsprechenden Gehalten nach dem Härten auf höhere Temperaturen erwärmt wer-

den, ohne daß ihre Härte nachläßt. Damit wird Wolfram zu einem
wichtigen Legierungselement für die Warmarbeits- und vor allem
auch für die Schnellarbeitsstähle. Zu erklären ist das Wesen der
Anlaßbeständigkeit durch Ausscheidungsvorgänge. Im Abschnitt
7 B c haben wir uns mit diesem Fragenbereich schon beschäftigt.
Wir haben gesehen, daß gewisse Stoffe bei höheren Temperaturen
– etwa auch bei den Härtetemperaturen – in feste Lösung gehen
und durch schroffes Abschrecken auch bei Lufttemperatur in Lösung
bleiben. Durch Erwärmen auf entsprechende niedrige Anlaßtemperaturen tritt dann nachträglich die Ausscheidung in feinstverteilter
Form auf, womit eine Härteannahme verbunden ist. Solche Stähle
können daher unter Umständen durch Anlassen an Härte noch gewinnen, während z. B. Kohlenstoffstähle schon bei verhältnismäßig
geringer Erwärmung in der Härte beträchtlich abfallen, weshalb sie
für Warmarbeit nicht geeignet sind.

Reine Wolframstähle werden als Werkzeugstähle verwendet, und
zwar vor allem für schneidende Werkzeuge wegen ihrer schon erwähnten besonderen Schneidkraft. Dagegen eignen sie sich nicht als
Baustähle, wenn man von dem Sondergebiet der Magnetstähle ab-
sieht.

Als Anwendungsbeispiele seien genannt:

der bekannte 1%ige Wolframstahl für Spiralbohrer, Gewindebohrer u. dgl., der auch viel in gezogener Ausführung als sog.
wolframlegierter Silberstahl verkauft wird;

der 4- bis 9%ige hochwertige Warmarbeitsstahl für Preßdorne
und -matrizen von Strangpressen und sonstige hochbeanspruchte
Warmwerkzeuge;

ferner die sog. Riffelstähle mit etwa 1,3 bis 1,5 % Kohlenstoff
und etwa 3,0 bis 4,0 % Wolfram.

Dem an vorletzter Stelle genannten Sonderstahl für Warm-
matrizen werden meistens auch noch etwa 2,5 % Chrom zugesetzt,
wie denn überhaupt das Wolfram noch häufiger in mehrfach legierten
Stählen vertreten ist als in reinen Wolframstählen.

18. Molybdänstähle

Das Molybdän (Mo) ruft im Stahl ähnliche Wirkungen hervor
wie das Wolfram, nur in noch stärkerem Ausmaße. So werden die
Punkte S und E im Diagramm durch dieses Element noch rascher
und weiter nach links zu niedrigeren Kohlenstoffgehalten abgerückt.

Abb. 29 zeigt zum Vergleich der Wirkungen von Chrom, Wolfram und Molybdän die Verschiebungen des Punktes E – des Beginns

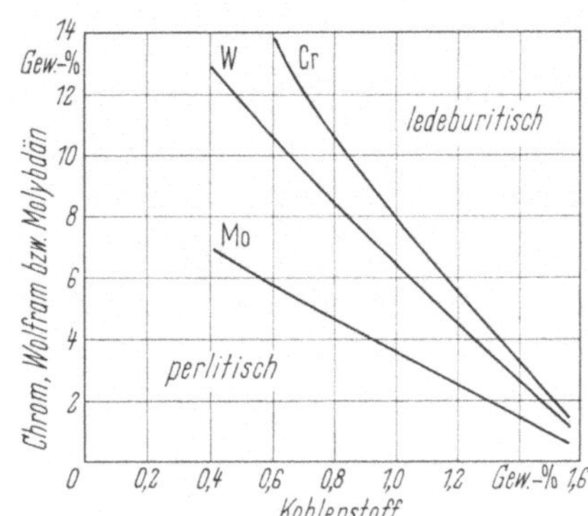

Abb. 29. Verschiebung des Punktes E im Zustandsdiagramm durch Chrom, Wolfram und Molybdän

der Ledeburitbildung – durch diese drei Grundstoffe. Auch die Karbidbildung wird durch Molybdän stärker gefördert.

Molybdän erhöht die Festigkeit und die Streckgrenze des Stahles und vermindert seine Dehnung und Einschnürung. Dabei bleibt aber doch eine gewisse Zähigkeit erhalten.

Molybdän erhöht die Anlaßbeständigkeit und unterdrückt die Anlaßsprödigkeit.

Molybdän verbessert die Warmfestigkeitseigenschaften des Stahles.

Ähnlich wie die Wolframstähle sind auch die Molybdänstähle nicht überhitzungsempfindlich.

Reine Molybdänstähle werden jedoch wenig verwendet, es sei denn als Baustähle wegen der erwähnten erhöhten Warmfestigkeitseigenschaften. Vielfach legiert man wenigstens Chrom hinzu. Das ist wirtschaftlicher, weil Chrom billiger ist als Molybdän; außerdem härten solche Stähle besser durch. Gegen stoßweise Beanspruchung erweisen sie sich als sehr widerstandsfähig. Chrom-Nickel-Molybdänstähle finden als Baustähle Verwendung für Gebiete, auf denen besondere Anforderungen gestellt werden, z. B. im Turbinenbau für Turbinenläufer, -scheiben und -wellen.

Als Werkzeugstahl hat ein Chrom-Molybdän-Vanadinstahl mit etwa 0,38 % C, 5 % Cr, 1,2 % Mo und 0,3 bzw. 1 % V Bedeutung erlangt. Er wird verwendet für Druckgußformen und Rezipientenbüchsen.

Für Pilgerdorne kommen Chrom-Nickel-Molybdänstähle mit Gehalten von 0,10 bis 0,70 % Molybdän in Betracht.

Molybdän verbessert die magnetischen Eigenschaften des Stahles.

Molybdän spielt auch bei den Härtungserscheinungen durch Ausscheidungsvorgänge (s. Abschnitt 7 B c) eine nicht unwesentliche Rolle.

Der Einfluß des Molybdäns auf die Säurebeständigkeit sowie sein Wert für die Schnellarbeitsstähle wird in den betreffenden Abschnitten besonders besprochen.

19. Vanadinstähle

Das Vanadin (V) ist in seiner Wirkung auf den Stahl noch stärker als das Molybdän. Vor allem ist die Karbidbildung beträchtlich. Mit steigendem Vanadingehalt muß daher auch der Kohlenstoff zunehmen, weil sonst schon bei verhältnismäßig geringen Zusätzen von Vanadin zu viel Kohlenstoff aus der Grundmasse abgezogen und zu Karbid gebunden wird, wodurch der Stahl seine Härtbarkeit verliert.

Vanadin erhöht den Umwandlungspunkt A_3, womit eine Erhöhung der Temperaturen für das Normalglühen wie auch für das Härten verbunden ist. Bei größeren Legierungsgehalten wird das Gamma-Gebiet ganz unterdruckt.

Besonders hervorzuheben ist die Eigenschaft des Vanadins, den Stahl gegen Überhitzung unempfindlich zu machen.

Das Vanadin erhöht die Festigkeit und die Streckgrenze, wobei aber die Dehnung wider Erwarten nicht herabgesetzt wird.

Vanadin verbessert die Warmbeständigkeit der Stähle.

Vanadin gilt als ausgezeichnetes Desoxydationsmittel.

Vanadin macht den Stahl widerstandsfest gegen schlagende und stoßende Beanspruchung.

Vanadinstähle besitzen gute Schnitthältigkeit.

Reine Vanadinstähle sind wenig im Gebrauch, es werden meistens noch andere Legierungselemente zugesetzt. Am besten wird Vanadin durch Chrom ergänzt.

Ein hochwertiger Feder- und Baustahl für Vergütung ist der Stahl mit etwa 0,5 % Kohlenstoff, 0,9 % Mangan, 1,1 % Chrom und 0,15 % Vanadin.

Da Vanadin den Stahl warmbeständig macht, setzt man dem im Abschnitt 17 angeführten Warmarbeitsstahl mit 4 bis 9 % Wolfram (und 2,5 % Chrom) meistens noch etwa 0,5 bis 0,6 % Vanadin zu.

Ein wichtiger Zusatzstoff ist Vanadin auch für die Schnellarbeitsstähle.

20. Aluminium im Stahl

Aluminium (Al) ist in seinem Verhalten ähnlich dem Silizium. Gleich diesem begünstigt es vor allem die Ausscheidung des Kohlenstoffs in Form von Graphit, und zwar in noch stärkerer Weise.

Bei höheren Gehalten macht es den Stahl grobkörnig.

Das Gamma-Gebiet wird durch Aluminium abgeschnürt.

Wegen seiner Verwandtschaft zum Sauerstoff ist das Aluminium ein wichtiges Desoxydationsmittel bei der Stahlherstellung. Es wird der Schmelze zugesetzt und bindet den Sauerstoff in einer unschädlichen Form ab.

Eine größere Verwandtschaft hat Aluminium auch zum Stickstoff. Aus diesem Grunde wird es den noch besonders zu besprechenden Nitrierstählen zugesetzt, bei denen es das Eindringen des Stickstoffes in den Stahl begünstigt.

Ein besonderes Anwendungsgebiet für Aluminium ist das „Alitieren" von Gegenständen aus gewöhnlichem Flußeisen. Die betreffenden Teile werden in Aluminiumpulver verpackt und auf Temperaturen über 1000° erhitzt. Dabei dringt das Aluminium in die Oberfläche des Eisens ein (ähnlich wie der Kohlenstoff bei der Einsatzhärtung). Derart behandelte Gegenstände sind widerstandsfest gegen Oxydation bei hohen Temperaturen. An der Oberfläche bildet sich nämlich ein Aluminiumoxyd, und diese Haut schützt das Eisen vor weiterer Verzunderung.

Aber auch als Legierungselement erhöht Aluminium die Zunder- und Hitzebeständigkeit des Stahles.

21. Kupfer im Stahl

Das Kupfer (Cu) erhöht die Festigkeit und die Streckgrenze des Stahles, die Dehnung dagegen wird vermindert.

Hochbaustähle können bis 0,5 % Kupfer enthalten. Es wird hierdurch eine Verbesserung der Witterungsbeständigkeit und der Festigkeitswerte, insbesondere der Streckgrenze, erreicht.

Kupfer verbessert die Säurebeständigkeit, weshalb es manchmal den korrosionsbeständigen Chrom-Nickelstählen zugesetzt wird.

Niedriggekohlte Stähle mit Kupferzusätzen eignen sich für Ausscheidungshärtung.

22. Der Stickstoff

Der Stickstoff (N) übt auf den Stahl vielfach einen schädlichen Einfluß aus. Vor allem macht er ihn hart und spröde. Schon beim Vergießen des Stahles macht er sich unangenehm bemerkbar, indem er die Bildung von Gasblasen begünstigt. Es sollte daher so weit wie möglich verhindert werden, daß der Stahl im schmelzflüssigen Zustande diesen unangenehmen Gesellen aus der Luft annimmt.

Bei einem großen Teil der gesamten Stahlerzeugung ist aber, allein durch das Herstellungsverfahren bedingt, eine Lösung des Stickstoffes in dem flüssigen Stahlbad unvermeidbar. Im Abschnitt 33 werden die verschiedenen Stahlerzeugungsverfahren noch besprochen, und wir erfahren dort, daß in der Thomas- oder Bessemer-Birne das Roheisen mit Luft zu Stahl „gefrischt" wird. Nun besteht die Luft bekanntermaßen aus annähernd 79 % Stickstoff, und ein Teil dieses Stickstoffes wird beim Durchströmen des flüssigen Stahlbades gelöst und verbleibt somit im Stahl. Stickstoff kann bei hohen Temperaturen sowohl gasförmig, das heißt molekular (N_2), als auch in fester Form, das heißt atomar (N), im Stahl gelöst sein. Das Lösungsvermögen des Stahles für Stickstoff ist temperaturabhängig. Mit fallender Temperatur entweicht der gasförmig gelöste Stickstoff, und zwar besonders sprunghaft beim Übergang vom schmelzflüssigen in den festen Zustand, und führt zu den bereits erwähnten unerfreulichen Begleiterscheinungen von Gasblasen und Poren (unberuhigter Stahl). In fester atomarer Form wird er bei rascher Abkühlung in übersättigter Lösung gehalten, um nach längerem Lagern oder bei Erwärmung und schließlich auch bereits durch Kaltverformung als

Eisen-Nitrid wieder auszuscheiden, das dann stark versprödend wirkt. Man bezeichnet diesen Vorgang als „Altern". Diese Eigenschaft des Stickstoffes im Stahl macht sich besonders beim Schweißen unangenehm bemerkbar, da hierbei diese „Alterungserscheinungen" beschleunigt auftreten und Schweißspannungen bei der damit verbundenen Versprödung und Verschlechterung der Verformbarkeit des Stahles ohne Risse nicht mehr abgebaut werden. Der normale Thomasstahl ist daher bevorzugt schweißrißempfindlich.

In manchen Stählen wirkt Stickstoff auch verbessernd. Es handelt sich dabei vor allem um die warmfesten Stähle, in welchen der Stickstoff die Warmfestigkeit erhöht. So ist man nach eingehenden Überlegungen und Versuchen schließlich dazu gekommen, einige Stähle regelrecht mit Stickstoff zu legieren. Die Frage erhebt sich nun: wie kann man einen Stahl mit einem Gas, wie es Stickstoff ist, legieren? Auch hier fand man eine Lösung, und zwar bindet man ihn an Ferro-Legierungen oder besondere Vorlegierungen und bringt diese in die Stahlschmelze ein.

Die Wirkungen dieses Grundstoffes lassen sich aber auch in anderer Weise nutzbringend auswerten. Man kann den Stickstoff in die Oberfläche geeigneter Stähle diffundieren lassen und auf diese Weise eine Oberflächenhärtung durchführen. Man nennt den Vorgang *Nitrieren*. Dabei bilden sich in der Oberfläche des Stahles Nitride von außerordentlich hoher Härte. Ein Abschrecken, wie es bei der Einsatzhärtung notwendig ist, entfällt bei der Nitrierhärtung, weshalb nitrierte Teile verzugsfrei bleiben. Die nitrierte Oberfläche ist bis etwa 500° härtebeständig.

Nicht alle Stähle sind für die Nitrierung geeignet. Es mußten vielmehr Sonderstähle geschaffen werden, die mit Grundstoffen legiert sind, welche eine größere Verwandtschaft zum Stickstoff haben (wie z. B. Chrom, Vanadin, Aluminium) und Sondernitride bilden, die zu einem erheblichen Härteanstieg führen.

Der Vorgang beim Nitrieren ist kurz folgender: Die auf Fertigmaß bearbeiteten Teile werden in einem besonderen Ofen auf etwa 500° erhitzt und bei dieser Temperatur während einer Dauer von 1 bis 4 Tagen einem Ammoniakstrom ausgesetzt. Ammoniak ist eine Verbindung von Stickstoff und Wasserstoff. Bei der angegebenen hohen Temperatur löst sich diese chemische Verbindung, und der freigewordene Stickstoff dringt in die Oberfläche der zu härtenden

Gegenstände ein. Wenn dann die Teile nach der angegebenen Zeit aus dem Ofen genommen werden, sind sie bereits fertig gehärtet.

Breite Anwendung findet auch die Nitrierung in Salzbädern. Der Stickstoff wird hier von Cyansalzen abgegeben. Wegen der höheren Nitriertemperatur (570°) sind die Behandlungszeiten kürzer (einige Stunden). Gegenüber der Nitrierung im Ammoniakstrom entsteht eine weniger spröde Nitridschicht.

23. Der Sauerstoff

Ähnlich wie Stickstoff ist auch Sauerstoff (O) für den Stahl schädlich. Dies gilt besonders für die Verbindung FeO, für das Ferrooxyd. In der Sprache der Chemiker heißt diese Verbindung heute Eisen(II)oxid. Wenn man bei der Stahlerzeugung aber dem Schmelzbad Legierungselemente zusetzt, die eine größere Verwandtschaft zum Sauerstoff haben als Eisen, dann wird er durch diese – es handelt sich vor allem um Mangan, Vanadin, Silizium und Aluminium – gebunden und unschädlich gemacht. Man nennt das Desoxydieren. Schlecht desoxydierter Stahl ist härteempfindlich.

So wie Stickstoff macht auch Sauerstoff den Stahl hart und spröde und vermindert seine Zähigkeit. Diese Erscheinungen sind hier wie dort auf Ausscheidungsvorgänge zurückzuführen. Sie werden durch Kaltverformung gefördert. Meistens tritt das Spröderwerden erst nach längerem Lagern ein; auch hier spricht man dann von „Altern".

24. Der Schwefel

Dieser Grundstoff (S) macht den Stahl spröde und rotbrüchig und ist also schädlich. Sein Anteil wird daher so niedrig wie möglich gehalten. Im allgemeinen sind Gehalte von höchstens 0,025 bis 0,030 % zugelassen. Eine Ausnahme machen die Automatenstähle, denen er im Ausmaße bis 0,3 % absichtlich zugesetzt wird. Automatenstähle sind bekanntlich Stähle, die auf automatischen Werkzeugmaschinen serienweise zu kleinen Massenteilen zerspant werden. Der Schwefel erlaubt dabei hohe Schnittgeschwindigkeiten, da er die Zerspanbarkeit erhöht. Die Späne springen dabei wegen der höheren Sprödigkeit dieser Stähle in kurzen Stücken ab.

25. Der Phosphor

Allgemein wird auch der Phosphor (P) als Stahlschädling angesprochen und dementsprechend bei hochwertigen Stählen eine obere Grenze von 0,03 bis 0,05 % angestrebt. Die schädliche Wirkung des Phosphors beruht hauptsächlich auf seiner starken Neigung zur Entmischung (Seigerung) [1] im Gußblock und im Primärkristall. Es besteht dadurch die Gefahr, daß lokale Phosphoranreicherungen entstehen, die zu unkontrollierbaren Eigenschaftsveränderungen infolge von Ausscheidungsvorgängen führen können.

Neuere Untersuchungen lassen auch vermuten, daß die Anlaßsprödigkeit in unmittelbarem Zusammenhang mit dem Phosphor steht.

Praktische Bedeutung hat Phosphor als Zusatzelement in Gehalten bis zu 0,3 % für die Herstellung von Preßmuttereisen erlangt, da hierdurch das Schmieren bei der spanabhebenden Bearbeitung vermindert wird.

26. Andere Grundstoffe im Stahl

Stahl kann noch eine Reihe anderer Grundstoffe enthalten, auf die in diesem Zusammenhange jedoch nicht näher eingegangen zu werden braucht.

Kurz zu erwähnen wären vielleicht die Elemente Titan, Bor und Tantal-Niob, die im Zusammenhang mit der Ausscheidungshärtung, insbesondere bei austenitischen Stählen, eine gesteigerte Rolle spielen. Seltene Erden, wie Cer und Lanthan, werden heute zur Verbesserung der Warmverformbarkeit höchstlegierter Nickel-Chromstähle in geringen Zusätzen als Legierungselement verwendet. Zirkon ist ein gutes Desoxydations- und Entstickungsmittel.

Die Elemente Titan und Tantal-Niob haben eine besondere Bedeutung auf dem Gebiet der rost- und säurebeständigen Stähle gefunden. Darüber wird im folgenden Abschnitt noch gesprochen.

27. Rost-, säure- und hitzebeständige Stähle

Mancher Leser wird sich schon die Frage gestellt haben: „Was ist eigentlich Korrosion?" oder: „Warum rostet Eisen, warum aber nicht der nichtrostende Stahl?"

---

[1] Über Seigerung siehe Seite 97.

Auf die Frage nach dem Wesen der Korrosion antwortet das Werkstoffhandbuch Stahl und Eisen, 4. Auflage, Düsseldorf: Verlag Stahleisen 1965: „Unter Korrosion versteht man die Zerstörung eines Metalls durch chemische oder elektrochemische Reaktion mit seiner Umgebung (z. B. durch Wasser, durch die umgebende Luft, durch Lösungen von Säuren, Basen und Salzen, durch heiße Gase oder geschmolzene Metalle, Oxyde und Salze)."

Die häufigste Art solcher Zerstörungen bei Eisen und Stahl ist das Rosten, d. h. der Angriff durch Sauerstoff (O) und Feuchtigkeit. Der Sauerstoff der Luft vereinigt sich mit Eisen und Wasser zu einer chemischen Verbindung, dem Eisenhydroxyd. Die zu dieser Verbindung notwendigen Eisenmengen entnimmt er der Oberfläche des angegriffenen Eisenstückes. Je länger dieser chemische Prozeß andauert, desto mehr Eisen wird verbraucht, desto weiter schreitet die Zerstörung fort. In ähnlicher Weise kann das Eisen auch durch andere Stoffe, durch Säuren, Laugen und sonstige chemische Lösungen angegriffen und zerstört werden.

Der rein chemische Angriff kann durch elektrochemische Vorgänge unterstützt und gefördert sein. Um das besser zu verstehen, machen wir einen kleinen Abstecher in die Elektrochemie:

Jeder Stoff und vor allem jedes Metall hat sein besonderes elektrisches Potential. Das Potential ist ein Maß für das elektrische Verhalten der Stoffe. Man kann die Stoffe nach der Größe ihres elektrischen Potentials steigend ordnen und erhält damit die „elektrochemische Spannungsreihe". Den ersten Versuch zur Aufstellung einer solchen Spannungsreihe hat schon GALVANI vor rund 170 Jahren gemacht. Zwischen Stoffen verschiedenen Potentials besteht eine „Potentialdifferenz" – in guter deutscher Sprache: ein Spannungsunterschied, der nach Ausgleich strebt. Der Spannungsunterschied zwischen zwei Stoffen ist um so größer, je weiter sie in der Spannungsreihe auseinanderliegen.

Dieses Prinzip wird im „galvanischen Element" praktisch ausgewertet. In ein mit einer bestimmten Säurelösung gefülltes Gefäß werden als Enden eines geschlossenen Leitungskreises zwei Platten aus verschiedenen Metallen, also mit verschiedenem elektrischem Potential – mit verschiedener elektrischer Wirksamkeit – so gestellt, daß sie einander nicht berühren. Durch den Potentialunterschied der beiden Metalle wird nun ein elektrischer Strom erzeugt, der von der Platte des höheren Potentials durch die leitende Flüssigkeit hinweg zur Platte des niedrigeren Potentials und sodann durch den Leitungsdraht zur ersten Platte zurückfließt. Durch die Arbeitsleistung tritt in der kleinen Elektrizitätsfabrik natürlich ein Verschleiß auf: Die Säurelösung wird verbraucht, aber auch die stärker beanspruchte Metallplatte wird angefressen und muß nach einiger Zeit erneuert werden. Es wird dies die Platte aus dem weniger edlen Metall sein, d. h. aus dem Metall mit dem geringeren elektrischen Potential.

Genau der gleiche Vorgang spielt sich ab, wenn sonstwie zwei Metalle verschiedenen Potentials zusammenkommen und gleichzeitig auch noch feucht werden. Es bildet sich automatisch ein unbeabsichtigtes, ja unerwünschtes winziges galvanisches Element, ein Lokalelement, wobei wieder das weniger edle Metall angegriffen und mit der Zeit zerstört wird. Die elektrischen Ströme, die dabei entstehen und die Zerstörung herbeiführen, sind natürlich, dem Größenausmaß des Elements entsprechend, verschwindend klein, so daß wir sie nicht ohne weiteres feststellen können; ihre Wirkung macht sich aber leider nur zu gut bemerkbar. Dabei ist es noch nicht einmal notwendig, daß zwei verschiedene Metalle zusammengebracht werden, wie es z. B. beim Löten von Eisen mit Zinn der Fall ist. Auch schon verschiedene Gefügebestandteile in einem und demselben Metall, in erster Linie im Stahl, können unterschiedliches elektrisches Potential besitzen und damit den Anlaß zur Bildung von galvanischen Elementen, damit aber auch gleichzeitig den Anlaß zur Zerstörung geben. Wir haben ja in der Gefügelehre gesehen, daß gerade beim Stahl sehr verschiedenartige Gefügeformen und Gefügebestandteile (weicher Ferrit, hartes Eisenkarbid usw.) auftreten, und die damit verbundene elektrochemische Wirkung ist es nun, die den Rostangriff wesentlich unterstützt.

Will man rostbeständige Stähle schaffen, so wird man nach dem Vorgesagten das Rosten von zwei Seiten her bekämpfen müssen: Man wird einerseits den *Angriff von außen* abwehren, andererseits aber *im Stahl selbst* alle Vorbedingungen unterdrücken, die für die Bildung von Lokalelementen (galvanischen Elementen) günstig sind, d. h. man wird ein möglichst gleichartiges Gefüge herbeiführen, wie es z. B. das Härtegefüge oder auch das austenitische Gefüge ist.

Um den *Angriff von außen* zu bekämpfen, kann man den Stahl mit geeigneten Grundstoffen legieren, von denen der wichtigste und wirksamste das *Chrom* ist.

Die Wirkung dieses Elements soll durch folgende Überlegungen verständlich werden: Chrom ist weniger edel als Eisen; es wird durch den Sauerstoff rascher angegriffen als das Eisen. Der Sauerstoff der Luft wird sich daher beim rostbeständigen Stahl nicht mit den Eisenatomen, sondern mit den Chromatomen verbinden zu Chromoxyd. Über die ganze Oberfläche des rostbeständigen Stahles wird sich dadurch eine hauchdünne Schicht dieses Chromoxydes – ein Oxydfilm – legen und den Stahl darunter vor einem weiteren Angriff durch Sauerstoff schützen. Dieser Oxydfilm ist jedoch so dünn, daß er für unser Auge unsichtbar bleibt.

Wenn sich diese Schutzdecke leicht und ohne Unterbrechung ausbilden soll, dann muß die Oberfläche des Stahles unbedingt frei von allem Zunder und anderen Verunreinigungen sein. Darüber hinaus muß sie auch möglichst glatt sein. Daher ist vor allem bei Gegenständen aus Chromstählen ein Polieren des Stahles erforderlich; bei den Chrom-Nickelstählen wird jedoch in den meisten Fällen ein Blankbeizen genügen.

Um seiner Aufgabe gerecht zu werden, muß das Chrom aber in ausreichendem Maße, d. h. in Mengen von über 12 %, vorhanden und gleichmäßig über den ganzen Stahl verteilt sein. Bei einem Stahl mit höherem Kohlenstoffgehalt ist die Chromverteilung aber gewöhnlich keine gleichmäßige. Der Kohlenstoff wird vielmehr größere Mengen von Chrom zu Chromkarbid abbinden. Dadurch wird aber der Grundmasse Chrom entzogen, der Chromgehalt der Grundmasse wird unter 12 % sinken, und der Stahl wird damit seine Rostbeständigkeit verlieren. Abgesehen davon besteht dann der Stahl aber auch aus zweierlei Gefügebestandteilen: aus der chromärmeren Grundmasse und den Chromkarbiden, so daß sich in der geschilderten Weise Lokalelemente bilden und das Rosten unterstützen.

Bleibt der Kohlenstoffgehalt unter 0,30 %, dann kann man die Karbidbildung unterbinden, indem man den Stahl härtet. Man erhält damit das einheitliche Martensitgefüge, und das Chrom bleibt gleichmäßig im Stahl verteilt. Bei einem Stahl mit höherem Kohlenstoffgehalt ist dagegen eine Rostbeständigkeit nicht mehr gegeben. Solcher Stahl besitzt infolge des hohen Chromgehaltes bereits freie Karbide, die beim Härten nicht mehr in Lösung gebracht werden können. Die Folgen davon sind: Anreicherung von Chrom in den ungelösten Karbiden und Chromentzug aus der Grundmasse, die nun nicht mehr rostbeständig ist; ferner die Bildung von Lokalelementen. Aus diesem

Grunde ist z. B. der im Abschnitt 12 beschriebene hochverschleißfeste Ledeburitstahl mit 11 bis 12 % Chrom und 2,2 % Kohlenstoff nicht rostbeständig.

Bei den korrosionsbeständigen Sonderstählen, die in den letzten Jahren eine immer größere Bedeutung gewonnen haben, sind vor allem zwei Hauptgruppen zu unterscheiden:

a) die Chromstähle mit mindestens 12,5 % Chrom,

b) die austenitischen Chrom-Nickelstähle.

Daneben haben sich noch andere Legierungen eingeführt, die für einige Anwendungsgebiete sehr gute Eignung besitzen, in erster Linie Chrom-Manganstähle und vor allem auch Chrom-Molybdänstähle.

Die korrosionsbeständigen *Chromstähle* müssen, wie schon gesagt, in der Grundmasse wenigstens 12 % Chrom aufweisen und dürfen im allgemeinen nicht mehr als 0,30 % Kohlenstoff besitzen. Um in Ausnahmefällen den Stahl auch bei höherem Kohlenstoffgehalt beständig zu erhalten, muß man den Chromgehalt steigern. Je tiefer der Kohlenstoff gehalten wird, desto besser ist die Beständigkeit, denn um so weniger Karbide können sich bilden. Die höher gekohlten Arten, d. h. auch schon die Stähle mit etwa 0,30 bis 0,50 % Kohlenstoff, müssen gehärtet werden, damit die Karbidbildung unterdrückt wird. Bei den Stählen mit nur etwa 0,15 % Kohlenstoff und darunter ist das Härten nicht mehr unbedingt notwendig, da solche geringe Mengen nicht mehr wesentlich Chrom aus der Grundmasse herausziehen und zu Karbid abbinden können.

Im allgemeinen werden heute folgende nichtrostende *Chromstähle* erzeugt:

1. der härtbare Stahl mit 12,5 bis 13,5 % Cr und etwa 0,40 % C,

2. der vergütbare Stahl mit 12,5 bis 13,5 % Cr und etwa 0,20 % C,

3. der halbferritische Stahl mit 12,5 bis 13,5 % Cr und etwa 0,10 % C,

4. der ferritische, nicht härtbare, dafür aber am besten beständige Chromstahl mit 17 bis 18 % Cr und 0,05 bis höchstens 0,10 % C. Er ist sehr gut tiefziehbar und besonders auch gegen die Angriffe von Salpetersäure widerstandsfest. Die Eigenschaften der ferritischen Stähle wurden im Abschnitt 8 C beschrieben. Hier sei nur daran

erinnert, daß diese Stähle zur Grobkornbildung neigen. Wegen der fehlenden Umwandlung kann das grobe (spröde) Korn nur durch Warmverformung (Kornzertrümmerung) verfeinert werden, was aber in den seltensten Fällen möglich ist. Zusätze von Stickstoff oder Titan vermindern diese Grobkornbildung etwas. Bei der Verwendung für Apparate und Apparateteile, die geschweißt werden, erhält dieser Stahl daher einen Zusatz von etwa 0,6 % Titan.

Die korrosionsbeständigen Chromstähle, mit Ausnahme der ferritischen und halbferritischen, müssen nach einer Warmverformung langsam und sorgfältig – am besten im erkaltenden Ofen oder unter Asche – abgekühlt werden, da sie sonst ungleichmäßig hart werden und infolge der auftretenden Spannungen leicht reißen. Aus diesem Grunde ist auch ein Schweißen nach Möglichkeit zu vermeiden oder vorteilhaft mit austenitischen Schweißdrähten durchzuführen. Es nimmt dann das zähe austenitische Schweißgut die Spannungen auf, und das Reißen wird vermieden.

Eine wesentliche Verbesserung der Beständigkeit der Chromstähle in allgemeiner Hinsicht wird durch Zulegieren von Nickel erzielt. Im besonderen macht Nickel den Stahl gegen nicht oxydierende Säuren (z. B. Salzsäure) beständiger. Schon ein Zusatz von nur 1,5 % dieses Grundstoffes spielt eine nicht unwesentliche Rolle. Ein solcher Stahl zeichnet sich z. B. durch bessere Beständigkeit gegen den Angriff von Seewasser aus.

Die korrosionsbeständigen *Chrom-Nickelstähle* im eigentlichen Sinne sind aber die Legierungen mit mindestens 18 % Chrom und 8 % Nickel bei geringen Kohlenstoffgehalten. Diese Stähle haben das einheitliche und gleichartige Gefüge des Austenits, wobei der Legierungsgehalt vollständig gelöst ist, so daß sich keine chromarmen Höfe und keine Lokalelemente bilden können. Dies trifft allerdings nur dann wirklich zu, wenn die Stähle aus hohen Temperaturen (etwa 1000 bis 1100°) abgeschreckt sind. Nur dann wird Karbidbildung gänzlich unterdrückt. Bei dem hohen Gehalt an Chrom, das die Karbidbildung, wie bekannt, sehr fördert, ist dies ohne weiteres verständlich. Werden diese Stähle nach dem Abschrecken nochmals erwärmt, so scheiden sich, vor allem bei Temperaturen zwischen 600 und 800°, wieder Karbide aus und lagern sich in feinster Form *zwischen die einzelnen Kristalle* ab. Damit ist natürlich wieder ein Chromentzug aus der Grundmasse verbunden, der die Beständigkeit vermindert. Außerdem verlieren die Kristalle untereinander den festen Zusammenhang, den sie im Austenitgefüge hatten.

In diesem Zustande ist der Stahl gegen Rost- und Säureangriffe wenig beständig, und es tritt die sog. „interkristalline Korrosion" auf (inter = zwischen), die Kristalle fallen buchstäblich auseinander. An den betreffenden Stellen wird der Stahl mürbe und brüchig; dünne Bleche, bei denen diese Korrosion durch und durch geht, kann man zwischen den Fingern zerreiben (Abb. 30, s. Bildanhang). Geht man mit der Temperatur noch höher, dann lösen sich diese Ausscheidungen allmählich wieder auf, bis wir bei 1050° aufs neue das gleichartige austenitische Gefüge vor uns haben, das wir dann durch Abschrecken festhalten können.

Die korrosionsbeständigen Chrom-Nickelstähle müssen demnach in abgeschrecktem Zustande verwendet werden, wie sie auch schon von den Stahlwerken zur Lieferung kommen. Eine Erwärmung auf 600 bis 800° muß beim Verbraucher unbedingt vermieden werden, oder der Stahl muß nachträglich aus 1050° abgeschreckt werden, was häufig nicht möglich sein wird.

In vielen Fällen wird nun eine Erwärmung nicht zu umgehen sein. Das trifft vor allem für Teile zu, die geschweißt werden. An den Schweißstellen treten außerordentlich hohe Temperaturen auf, die von der Schweiße weg mit der Entfernung abnehmen und schließlich auf Raumtemperatur sinken. Bei diesem allmählich verlaufenden Temperaturabfall von der Schweißtemperatur auf Raumtemperatur muß es natürlich in einem gewissen Abstand von der Schweißstelle immer irgendwo einen parallel zur Schweißnaht laufenden Bereich geben, in dem die Temperatur gerade 600 bis 800° beträgt. Hier fallen die Karbide aus, und hier tritt dann bei einem chemischen Angriff auch die „interkristalline Korrosion" auf. Große geschweißte Behälter kann man aber nach dem Schweißen nicht mehr glühen und abschrecken. Selbst wenn die Einrichtungen dafür ausreichen sollten, wird sich eine solche Wärmebehandlung dennoch verbieten, weil die betreffenden Gegenstände dadurch einen stärkeren Verzug erleiden.

Die Metallurgen haben auch hier Abhilfe geschaffen. Sie haben den Chrom-Nickelstählen noch weitere Legierungselemente zugesetzt, und zwar solche, die eine größere chemische Verwandtschaft zum Kohlenstoff haben. Derartige Grundstoffe sind: Tantal (Ta), Niob

(Nb), Titan (Ti). Sind solche Elemente im Stahl anwesend, dann verbindet sich der Kohlenstoff mit ihnen, das Chrom dagegen bleibt ungebunden und seiner Bestimmung erhalten. Diese Tantal-Niob-Titan-Karbide sind zwar bei hohen Temperaturen oberhalb 1000° im Austenit der Cr-Ni-Stähle löslich, sie werden aber bei den kritischen Temperaturen von 600 bis 800° nicht in einer schädlichen Form ausgeschieden. Die interkristalline Korrosion ist damit wirksam unterbunden, die Stähle sind „schweißfest"[1] geworden (Abb. 31, s. Bildanhang).

Die vorhin beschriebene „interkristalline Korrosion" kann man auch dadurch einschränken – wenn auch nicht ganz unterdrücken –, daß man den Kohlenstoffgehalt möglichst tief – etwa bei 0,04 bis 0,07 % – hält. Das ist leicht zu verstehen, denn der Kohlenstoff ist es ja, der die Karbide bildet, welche dann interkristallin ausgeschieden werden. Aus dem gleichen Grunde sind ja auch die verschiedenen unlegierten oder höchstens mit einem geringen Kupferzusatz versehenen Sonderweicheisen (wie Armco-Eisen usw.) viel rostbeständiger als gewöhnlicher Stahl. Den korrosionsbeständigen Stählen stehen sie allerdings weit nach.

Die beste Lösung ist, mit dem Kohlenstoffgehalt so weit herunterzugehen, daß sich überhaupt keine Karbide mehr bilden können. Austenitische Chrom-Nickelstähle mit Kohlenstoffgehalten unter 0,027 % entsprechen weitgehend dieser Forderung. Sie sind unter der Bezeichnung e. l. c. (*extra low carbon*, d. i. besonders niedriger Kohlenstoffgehalt) bekannt geworden und gewinnen für chemisch beanspruchte Schweißkonstruktionen austenitischer Stähle immer mehr an Bedeutung. Neue Stahlherstellungsverfahren erlauben auch die großtechnische Herstellung dieser Stähle, wenn auch mit besonderem Aufwand.

Der bekannteste und am häufigsten verwendete korrosionsbeständige Chrom-Nickelstahl ist wohl der Stahl mit 18 % Chrom, 8 % Nickel und 0,10 % Kohlenstoff sowie die schweißfeste Gegenqualität hierzu mit dem entsprechenden Legierungszusatz für die Abbindung des Kohlenstoffes. Zahlreich sind die Verwendungsmög-

---

[1] Diese Stähle werden manchmal auch als „schweißbar" bezeichnet. Das ist aber unrichtig und gibt zu Mißverständnissen Anlaß. Auch die anderen Qualitäten ohne den angegebenen Legierungszusatz sind verhältnismäßig gut schweißbar, nur tritt bei ihnen eben nachher die interkristalline Korrosion auf, wenn sie einem chemischen Angriff ausgesetzt werden.

lichkeiten im Haushalt, in der chemischen Industrie, insbesondere bei der Salpetersäurefabrikation, sowie in der Nahrungs- und Genußmittelindustrie.

Eine weitere Verbesserung der Korrosionsbeständigkeit der Chrom-Nickelstähle wird durch die Grundstoffe Molybdän (Mo) und Kupfer (Cu) erzielt. Ein Zusatz von etwa 2 % Molybdän wirkt vor allem den Angriffen von Salzsäure, Schwefelsäure und schwefliger Säure sowie den Halogenen entgegen. Als Anwendungsgebiete für die so verbesserten Stähle seien Färbereien und Bleichereien sowie die Sprengstoff- und die Zellstoffindustrie angeführt.

Kupfer verbessert den Widerstand besonders gegen Schwefelsäure mittlerer Konzentration bis zu etwa 70°. Werden außer den 2 % Molybdän auch noch etwa 2 % Kupfer zulegiert, dann erhält man Stähle, die erhöhten Beanspruchungen gewachsen sind, z. B. warmer Schwefelsäure.

Die austenitischen Chrom-Nickelstähle sind im allgemeinen gut tiefziehfähig. Als Standardstahl für Tiefziehzwecke wird eine Legierung mit 18 % Chrom, 10 % Nickel und 0,05 % Kohlenstoff verwendet.

Zu erwähnen wäre noch, daß die korrosionsbeständigen Chrom-Nickelstähle als austenitische Stähle unmagnetisch sowie ferner nicht härtbar sind. Für Messer sind sie daher nicht zu gebrauchen.

Da Mangan, wie wir wissen, auf den Stahl eine ähnliche Wirkung ausübt wie Nickel, ergab es sich von selbst, korrosionsbeständige Stähle zu schaffen, bei denen das Nickel teilweise durch Mangan ersetzt ist. Bei den Chrom-Manganstählen wurden die Legierungsgehalte ähnlich angesetzt wie bei den Chrom-Nickelstählen, also z. B. mit etwa 18 bis 20 % Chrom, 8 % Mangan und 0,10 % Kohlenstoff. Man erzeugt aber auch Stähle im umgekehrten Legierungsverhältnis, also mit etwa 18 % Mangan und 12 % Chrom. Die Chrom-Manganstähle können in vielen Fällen als Ersatz für die Chrom-Nickelstähle herangezogen werden, wenn in der Rohstoffversorgung für Nickel ein besonderer Engpaß auftritt. Sie sind auch schweißbar. Manchmal wird allerdings die etwas schwerere Verarbeitbarkeit als nachteilig empfunden.

Schließlich wären noch die korrosionsbeständigen *Siliziumstähle* zu erwähnen. Ihre Wirkung beruht darauf, daß sich auf der Oberfläche der mit Silizium legierten Qualitäten bei einem chemischen

Angriff eine dünne Schutzschicht aus Kieselsäure ausbildet – ein ganz ähnlicher Vorgang also, wie er bei den chromhaltigen Stählen in Form des Chromoxydfilms auftritt. Es handelt sich dabei in der Hauptsache um Siliziumgehalte von etwa 12 bis 15 %. Diese Legierungen sind jedoch nicht schmiedbar.

Wir haben uns bis jetzt nur mit der Korrosion bei Raumtemperatur beschäftigt. Ähnliche Verhältnisse liegen aber auch bei höheren Temperaturen von etwa 600 bis 1200° vor, nur daß die Oxydation hierbei rascher fortschreitet. Es werden sich daher die bisher besprochenen rost- und säurebeständigen Stähle in gewissem Ausmaße auch als hitzebeständig erweisen.

Der Einfluß steigender Chromgehalte bis zu etwa 24 % Legierungsgehalt auf die Temperaturgrenze der Beständigkeit gegen abtragende Korrosion durch Zundern ist aus der nachfolgenden Übersicht heute gebräuchlicher hitzebeständiger Stähle zu erkennen. Die Wirkung des Chroms in hitzebeständigen Stählen verstärkt man häufig durch Zugabe von Silizium und Aluminium, wobei dem Silizium ein sehr viel größerer Einfluß auf die Zunderbeständigkeit zuzuschreiben ist.

Zur Erhöhung der Festigkeitseigenschaften in der Wärme werden den hitzebeständigen Stählen höhere Nickelgehalte zulegiert. Man erreicht hierdurch, daß die an sich ferritischen Chromstähle in den austenitischen Zustand überführt und damit sowohl die für die Verarbeitung als auch für die Verwendung wichtigen Eigenschaften bei Raumtemperatur und hohen Temperaturen verbessert werden.

Zahlentafel 8 gibt eine Übersicht über heute gebräuchliche hitzebeständige Stähle.

28. Warmfeste und hochwarmfeste Stähle

Das besondere Kennzeichen der warmfesten Stähle ist ihre Eigenschaft, neben ausreichender Korrosionsbeständigkeit, insbesondere gegen abtragende Korrosion durch Zundern, in der Wärme hohe Festigkeitseigenschaften aufzuweisen. Die Fortschritte, die in den vergangenen Jahren auf dem Gebiet der Dampfkesselanlagen, Wärmekraftmaschinen sowie Verfahren der chemischen Hochdrucksynthese erzielt worden sind, waren eng verbunden mit der Entwicklung geeigneter Werkstoffe. Die warmfesten Stähle gewinnen heute immer größere Bedeutung, und die Anforderungen, die an sie

Zahlentafel 8. *Gebräuchliche hitzebeständige Stähle*

Lfd. Nr.	Chemische Zusammensetzung in Gew.- %						max. Verw.-Temp.
	C	Si	Mn	Al	Cr	Ni	
1	0,1	0,75	—	0,75	6,5	—	800°
2	0,1	2,2	—	—	6	—	900°
3	0,1	1	—	1	13	—	900°
4	0,1	2,2	—	—	13	—	950°
5	0,1	1	—	1	18	—	1000°
6	0,1	2	—	—	18	—	1050°
7	0,1	1,5	—	1,5	24	—	1200°
8	0,15	1	1	—	25	4	1100°
9	0,1	2	—	—	20	12	1050°
10	0,1	2	—	—	25	20	1200°
11	0,1	3,5	1	—	21	12	1100°
12	0,5	2	—	—	24	36	1200°

gestellt werden, wechseln ständig durch das Streben der Konstrukteure, Anlagen mit noch weiter gesteigerten Temperaturen und Drücken zu erstellen. Je nach Art der Beanspruchung hat einmal die Warmfestigkeit den Vorrang gegenüber guter Korrosions- und Zunderbeständigkeit, zum anderen kann die Widerstandsfähigkeit gegenüber flüssigen chemischen Produkten oder z. B. gegenüber dem Angriff von Wasserstoff unter hohem Druck größere Bedeutung als die Forderung nach guter Warmfestigkeit gewinnen. Die heute gebräuchlichen warmfesten und hochwarmfesten Stähle sind in erster Linie unter dem Gesichtspunkt der Gebrauchstemperatur, aber auch in Ausrichtung auf die verschiedenartigen Anwendungsgebiete, in drei Gruppen unterteilt (Zahlentafel 9).

Die Verhältnisse, denen Werkstoffe bei hoher Temperatur unterliegen, erfordern ein Umdenken unserer üblichen Vorstellung über Festigkeit, Härte und Zähigkeitseigenschaften eines Stahles. Warmfestigkeit, Warmhärte und Zähigkeitseigenschaften sind bei erhöhten Temperaturen zeitabhängige Größen, die während der Betriebsbeanspruchung laufend Veränderungen erfahren. Man hat hierfür einen neuen Begriff „Zeitstandverhalten" geprägt und Kenngrößen wie Zeitstandfestigkeit, Zeitdehngrenze, Zeitbruchdehnung geschaffen, die im Abschnitt 32 näher behandelt werden. Diese Begriffsbezeichnungen sagen bereits etwas über die Vorgänge aus, denen Stähle bei Temperaturbeanspruchung unterliegen. Während bei Raumtemperatur im Belastungsfall unterhalb der Streckgrenze praktisch mit keiner bleiben-

Zahlentafel 9. *Gebräuchliche warmfeste und hochwarmfeste Stähle*

Gruppe	Lfd. Nr.	Chemische Zusammensetzung in Gew.- %								max. Verw.-Temp.	Hauptanwendungsgebiet
		C	Si	Mn	Cr	Mo	V	W	Nb		
I	1	0,15	0,3	0,6	—	0,3	—	—	—	525°	Kesselüberhitzer u. Heißdampfleitungsrohre, Sammlerrohre für die Erdölverarbeitung, Crackrohre, Heißdampfarmaturen
	2	0,13	0,3	0,6	1,0	0,4	—	—	—	550°	
	3	0,10	0,3	0,5	2,3	1,0	—	—	—	570°	
	4	0,10	1,1	0,5	1,8	0,3	0,3	—	—	580°	
	5	0,12	0,3	0,5	5,0	0,5	—	—	—	570°	
	6	0,15	0,3	0,5	—	0,8	0,3	—	—	550°	
	7	0,24	0,3	0,6	1,0	0,25	—	—	—	530°	Warmfeste Schrauben, Bolzen u. Muttern, Scheiben, Läufer, Schaufeln von Abgasturbinen
	8	0,24	0,3	0,5	1,3	0,5	0,2	—	—	550°	
	9	0,21	0,4	0,5	1,3	1,1	0,3	—	—	550°	
II	10	0,10	0,3	0,5	12,0	1,0	—	—	—	600°	Rotoren, Läufer, Schieber u. Schaufeln von Dampf- u. Gasturbinen, chem. Hochdrucksyntheseanlagen, warmfeste Schrauben u. Muttern, Heißdampfarmaturen
	11	0,20	0,3	0,5	12,0	1,0	—	—	—	600°	
	12	0,22	0,3	0,5	12,0	1,0	0,3	—	0,15	600°	
	13	0,22	0,3	0,5	12,0	1,0	0,3	(0,5)	—	600°	

Gruppe	Lfd. Nr.	Chemische Zusammensetzung in Gew.- %								max Verw.-Temp.	Hauptanwendungsgebiet
		C	Cr	Ni	Mo	W	V	Ta/Nb	Co		
III	14	0,10	16,5	13,5	—	—	—	0,8	—	650°	Überhitzer- u. Heißdampfleitungsrohre, Sammler, Heißdampfarmaturen, chem. Hochdrucksynthese, Läufer, Schieber u. Schaufeln von Dampf- u. Gasturbinen, hochwarmfeste Schrauben, Bolzen u. Muttern
	15	0,10	16,5	16,5	1,8	—	—	0,8	—	650°	
	16	0,10	16,5	13,5	1,3	—	0,8	0,8	—	650°	
	17	0,40	13,0	13,5	2,0	2,5	—	3,0	10	800°	
	18	0,20	20,0	20,0	3,0	2,0	—	1,3	20	800°	
	19	0,40	20,0	20,0	4,0	4,7	—	3,0	42	900°	

den Verformung und auch bei langzeitiger Beanspruchung mit keinem Bruch zu rechnen ist, ergeben sich bei höheren Temperaturen neben dem grundsätzlichen Abfall der Festigkeit und Streckgrenze oberhalb 350° zusätzlich zeitabhängige Fließ- bzw. Kriechvorgänge des Werkstoffes, die auch bei Belastung unterhalb der im kurzzeitigen Warmzerreißversuch ermittelten Werte in der Langzeitbeanspruchung zu Bruch führen können. Unter diesem Gesichtspunkt des andersgearteten Festigkeitsverhaltens der Stähle in der Wärme haben die Metallurgen für die vielseitigen Anwendungsgebiete in Kenntnis der Wirkung der verschiedenen Legierungselemente Stähle entwickelt, die diesen zeitabhängigen Kriech- und Dehnvorgängen des Werkstoffes einen besonderen Widerstand entgegensetzen.

Als einziges Legierungselement verbessert Mo am stärksten die Warmfestigkeit gegenüber unlegiertem Stahl, gefolgt von V und W sowie Ti und Nb, also durchweg Elemente, die sich mit dem Kohlenstoff zu Karbiden verbinden. Im Gegensatz hierzu vermögen alleinige Zusätze an Cr, Ni und Mn das Kriechverhalten bei diesen Stählen nur in begrenztem Ausmaß zu beeinflussen. Die in Zahlentafel 9 in der ersten Gruppe aufgeführten Stähle mit einer höchsten Gebrauchstemperatur von etwa 580° sind daher durchweg niedriglegierte Mo- bzw. Cr-Mo- oder Cr-Mo-V- und schließlich auch Mo-V-Stähle, die durch eine entsprechende Wärmebehandlung auf bestimmte Festigkeitseigenschaften vergütet werden können. Die Höhe der erreichbaren Vergütefestigkeit ist in erster Linie abhängig von dem C-Gehalt, während die erwünschte Arbeitsfestigkeit eine Frage des Anwendungsgebietes ist. Darüber hinaus kommt der Wärmebehandlung, mit der diese Vergütung durchgeführt wird, eine besondere Bedeutung zu. Bereits im Abschnitt 7 B c, wo wir uns mit der Frage der Ausscheidungshärtung befaßt haben, ist darauf hingewiesen worden, daß bestimmte Legierungselemente bei höheren Temperaturen im festen Zustand eine größere Löslichkeit aufweisen als bei Raumtemperatur. Von dieser Eigenart wird gerade bei den warmfesten Stählen häufig Gebrauch gemacht, indem man den Stahl bei möglichst hohen Temperaturen härtet und anschließend die in Lösung gebrachten Karbide, z. B. des Mo oder V, durch eine Anlaßbehandlung auf den Kristallgrenzen und Gleitebenen wieder ausscheidet. Damit erreicht man eine Behinderung der Gleit- und Fließvorgänge bei der Belastung in der Wärme und erhöht so den Kriechwiderstand meist viel dauerhafter, als dies durch hohe Vergütefestigkeiten, die durch Umwandlungshärtung erzielt werden, erreicht werden kann. Ausscheidungsvorgänge, wie sie durch die Art der Wärmebehandlung in gewünschter Form ablaufen, sind natürlich auch bei der Betriebsbeanspruchung unter Temperatur, jedoch unterschiedlich in Teilchengröße und Verteilungsgrad der ausgeschiedenen Bestandteile, zu erwarten. Die Höhe der Vergütefestigkeit hat auf die Geschwindigkeit derartiger Ausscheidungsvorgänge einen nicht unerheblichen Einfluß. Man weiß, daß vergütbare warmfeste Stähle mit hohen Vergütefestigkeiten eine größere Versprödungsneigung und höhere Kerbempfindlichkeit bei Zeit- und Temperaturbelastungsbeanspruchungen aufweisen. Die in den Korngrenzen und Gleitebenen ausgeschiedenen Karbide, in gleicher Weise aber auch Nitride oder intermetallische

Verbindungen, die durch ihre Sperrwirkung den Kriechwiderstand des Stahles erhöhen, haben auf der anderen Seite die weniger schöne Eigenschaft, die Zähigkeitseigenschaften zu verschlechtern und die Kerbempfindlichkeit zu erhöhen. Von seiten der Legierungszusammensetzung und der Art der Wärmebehandlung her wird man in Ausrichtung auf das Anwendungsgebiet wohl immer eine Kompromißlösung zwischen hohen Warmfestigkeitseigenschaften und möglichst geringer Versprödungsneigung suchen müssen. Bei Bolzen, Schrauben und Muttern sowie bei Rotoren, Läufern, Scheiben und Schaufeln von Dampf- und Gasturbinen wird man meist aus konstruktiven Gründen auf hohe Arbeitsfestigkeiten, insbesondere hohe Streckgrenzenwerte, nicht verzichten können. Man wird bei diesen Bauteilen auch nur eine sehr geringe zulässige bleibende Verformung bei der Berechnung zugrunde legen und dadurch schlechtere Zähigkeitseigenschaften zwangsläufig in Kauf nehmen. Anders verhält sich dies bei Stählen, die für Überhitzer, Heißdampf- und Erdölrohrleitungen Verwendung finden. Hier soll durch möglichst niedrige Vergütefestigkeiten eine geringe Versprödungsneigung und gute Verformungsfähigkeit bei der Betriebsbeanspruchung gewährleistet sein. Die zur Erzielung dieser niedrigen Vergütefestigkeit notwendigen hohen Anlaßtemperaturen liegen meist 100 bis 150° über den Anwendungstemperaturen der Betriebsbeanspruchung. Die Ausscheidungsvorgänge, die mit steigender Temperatur schneller ablaufen, sind damit weitgehend bereits bei der Anlaßbehandlung erfolgt, so daß im Betrieb nur noch mit geringen Gefügeveränderungen zu rechnen ist.

Bei Temperaturen von etwa 550° erreichen die niedriglegierten vergütbaren Mo-, Cr-Mo- bzw. Cr-Mo-V-Stähle die Grenze ihres Anwendungsbereiches. Oberhalb dieser Temperatur beginnen Vorgänge wirksam zu werden, die kurz bereits im Abschnitt 7 A c über das Spannungsfreiglühen erwähnt wurden. Wir haben dort gesehen, daß Verformungsverfestigungen, seien sie nun durch Kaltverformung oder durch Verformung bei niedriger Temperatur hervorgerufen, durch nachträgliches Glühen wieder aufgehoben werden können, wobei das verfestigte Raumgitter wieder entspannt wird und die Kristalle sich „erholen". Eine Belastung warmfester Stähle bei Betriebstemperaturen unter 550° ist in gewisser Weise gleichzusetzen mit einer Verformungsverfestigung, und die Vorstellung ist begrifflich nicht mehr so schwierig, daß bei Temperaturen oberhalb 550°

diese durch Belastung bewirkte Verfestigung des Metalls aufgehoben wird und somit dem Fließen und Kriechen des Metalls nur noch ein sehr geringer Widerstand entgegengesetzt wird. Man spricht davon, daß die niedriglegierten vergütbaren warmfesten Stähle bei Temperaturen oberhalb 550° das Gebiet ihrer Erholung und beginnenden Rekristallisation erreichen und somit für eine Dauerbeanspruchung in der Wärme ungeeignet werden. Eine zusätzliche Begrenzung ist für diesen Stahl auch durch das Zunderverhalten gegeben. Im vorausgehenden Abschnitt 27 haben wir gesehen, daß niedriglegierte Stähle mit steigender Temperatur, insbesondere oberhalb 550°, sehr viel schneller durch Verzunderung zerstört werden. Durch Erhöhung des Cr-Gehalts auf mindestens 11 % wird nun die Widerstandsfähigkeit gegen Oxydation bis zu sehr viel höheren Temperaturen heraufgesetzt. Die warmfesten Stähle der zweiten Gruppe haben alle Cr-Gehalte von mindestens 11 % und sind daher als ausreichend zunder- und rostbeständig auch für Temperaturen oberhalb 550° anzusprechen. Sie zählen auch noch zu den vergütbaren Stählen und sind durch Zusätze von Mo, W oder V in besonderer Ausrichtung auf gute Warmfestigkeitseigenschaften legiert. Von seiten ihrer zum Teil sehr hohen Warmfestigkeitseigenschaften im Temperaturgebiet von 550° ist eine Grenze der Gebrauchstemperatur bei etwa 600° gegeben. Oberhalb dieser Temperatur sind es die gleichen Vorgänge der Kristallerholung und beginnenden Rekristallisation, die den Kriechwiderstand so stark erniedrigen, daß ihre Verwendung damit in Frage gestellt ist. Wegen ihres zusätzlichen günstigen Verhaltens gegen Zunder- und Korrosionsangriff haben sie hauptsächlich im Dampf- und Gasturbinenbau Verwendung gefunden. Aber auch die chemische Industrie bedient sich ihrer bei Produktionsanlagen, die neben Anforderungen an gute Warmfestigkeitseigenschaften bei Raumtemperatur und Druckbeanspruchung auch noch ausreichende chemische Beständigkeit gewährleisten. Bei Steigerung der Gebrauchstemperaturen über 600° können schließlich nur noch Stähle mit austenitischer Gefügestruktur Verwendung finden, wie wir sie bereits bei den rost- und säurebeständigen Stählen mit 18 % Cr und 8 % Ni kennen. Der besondere Vorteil austenitischer Stähle bei Hochtemperaturbeanspruchung liegt in der Eigenart des flächenzentrierten Gamma-Mischkristalls, dessen Erholungs- und Rekristallisationstemperaturen höher als die des raumzentrierten Alpha-Mischkristalls liegen. Austenitische Stähle setzen somit von Haus aus bei Temperaturen oberhalb

600° Fließ- und Kriechvorgängen einen sehr viel größeren Widerstand entgegen. Die mit einer Belastung verbundene Verfestigung bleibt auch bei Temperaturen über 600° noch über lange Zeiten erhalten. Man ist daher auch bestrebt, von der Legierungsseite her ein möglichst „stabiles" austenitisches Gefüge bei Raumtemperatur zu erhalten, was bei den rost- und säurebeständigen 18 % Cr- und 8 % Ni-Stählen nicht so unbedingt gegeben ist, von denen wir bereits gehört haben, daß sie z. B. nach Kaltbearbeitung durch Ziehen oder Hämmern teilweise martensitisch werden können. Die austenitischen hochwarmfesten Stähle sind daher mit höheren Anteilen an Ni legiert, da Ni ja das Beständigkeitsgebiet des flächenzentrierten Gamma-Mischkristalls beträchtlich erweitert. Die Legierungsbasis hochwarmfester austenitischer Stähle ist meist durch Nickelgehalte von mindestens 13 bis 16 % gekennzeichnet. Durch Zulegieren von Karbidbildnern wie Mo, W, V oder auch Ti und Ta/Nb und schließlich für sehr hohe Beanspruchungen bei höchsten Temperaturen mit beträchtlichen Anteilen an Co wird die Warmfestigkeit dieser Stähle weiter verbessert. Hochwarmfeste Sonderlegierungen finden heute vielseitige Verwendung bei neuzeitlichen Höchstdruck- und Heißdampfkesselanlagen und deren Turbinen sowie für Gasturbinen bis zu Spitzentemperaturen von über 900°. Ihre Wärmebehandlung besteht zumeist in einem Ablöschen von hohen Temperaturen, bei dem alle karbidbildenden zusätzlichen Legierungselemente in dem Mischkristall gelöst werden, und einer daran anschließenden Ausscheidungshärtung, meist im Temperaturgebiet von 700 bis 800°. Die aus der übersättigten Lösung ausgeschiedenen Bestandteile, seien es nun Karbide, Nitride oder intermetallische Verbindungen, rufen wieder die bereits bekannte Sperrwirkung an Korngrenzen und Gleitebenen der Kristalle hervor und erhöhen damit den Kriechwiderstand. Ein wesentlicher Teil dieser zusätzlichen Legierungselemente verbleibt aber auch noch in Lösung und bewirkt durch die Vielzahl der eingelagerten Fremdatome in dem austenitischen Mischkristallgitter eine direkte Verbesserung der Warmfestigkeit des Austenitkristalls, da hierdurch Kristallerholungs- und Rekristallisationsvorgänge erschwert werden.

Die Entwicklung gerade auf dem Gebiet dieser sehr hochlegierten warmfesten Stähle ist noch im vollen Fluß, und es empfiehlt sich, auch hier bei der Verwendung derartiger Stähle den Rat erfahrener Edelstahlwerke einzuholen.

29. Die Schnellarbeitsstähle

Was die Erfindung der Schnellarbeitsstähle für die Entwicklung von Industrie und Technik bedeutet, davon macht sich der Nichttechniker meistens nicht einmal annähernd eine Vorstellung. Wollte man heute die Schnellarbeitsstähle aus unseren Fabriken nehmen, so würden damit gleichzeitig alle unsere modernen und hochleistungsfähigen Dreh- und Bohrmaschinen überflüssig werden, ja ganze Industriezweige erlahmen – der Stand der Technik würde um Jahrzehnte zurückgeschraubt.

Die Eigenart des Schnellarbeitsstahles wird schon durch seinen Namen angedeutet: man kann mit diesem Stahl schneller als mit anderen Werkzeugstählen arbeiten, d. h. drehen, bohren, fräsen. Diese Möglichkeit ergibt sich nicht so sehr aus der größeren Härte des Schnellstahles. Ein gut gehärteter Kohlenstoffstahl mit höherem Kohlenstoffgehalt steht bei Raumtemperatur einem gehärteten Schnellstahl in der Härte keinesfalls nach. Der große Unterschied liegt darin, daß der gehärtete Kohlenstoffstahl beim Erwärmen (Anlassen) schon bei etwa 250° weich wird und damit seine Schneidfähigkeit verliert, während der Schnellarbeitsstahl nach richtiger Wärmebehandlung bis nahezu 600° seine volle Härte und Schneidkraft behält. Diese Eigenschaften werden durch das Anlassen sogar noch gesteigert. *Das hervorstechende Merkmal des Schnellarbeitsstahles ist somit seine außergewöhnlich hohe Anlaßbeständigkeit.*

Die hohe Anlaßbeständigkeit, die den Schnellarbeitsstahl über alle anderen Stähle heraushebt, ist aber gerade für die Dreh- und Bohrarbeit von besonderer Bedeutung. Beim Zerspanen von Metallen und anderen harten Stoffen in kaltem Zustande tritt infolge der Reibung eine oft beträchtliche Erwärmung des Werkzeuges auf, wodurch die Schneiden schnell weich, stumpf und unbrauchbar werden. Die Höhe der Erwärmung hängt vorwiegend von der sog. Schnittgeschwindigkeit ab. Je schneller gedreht und gebohrt wird, desto schneller werden die Schneiden weich und stumpf. Vor der Erfindung der Schnelldrehstähle mußte man darauf bedacht sein, das Drehmesser nicht zu warm werden zu lassen; man mußte langsam schneiden und durfte nur ganz dünne Schichten von dem zu bearbeitenden Werkstück abtragen, mit anderen Worten: man mußte die Schnittgeschwindigkeit und die Spantiefe möglichst gering halten. Das war ein recht zeitraubendes und unwirtschaftliches Arbeiten.

Mit der Erfindung der Schnellarbeitsstähle wurde das anders. Jetzt konnten die großen leistungsfähigen Maschinen gebaut werden, die auch das Letzte aus dem neuen Stahl herausholten. Bei dem modernen Arbeitstempo nimmt der Meißel oft eine ganz bedeutende Eigenwärme an, die sich bis zur Dunkelrotgluthitze steigern kann, aber trotzdem „steht" er, d. h. die Schneide bleibt hart und scharf.

Die hohe Anlaßbeständigkeit der Schnellarbeitsstähle wird durch entsprechende Legierung mit geeigneten Grundstoffen erzielt. Alle Schnellstähle sind hoch- und mehrfach legierte Stähle mit ledeburitischem Gefüge.

Die chemische Zusammensetzung der Schnellarbeitsstähle ist aus Zahlentafel 10 ersichtlich.

Der *Kohlenstoff*gehalt bewegt sich bei diesen Stählen im allgemeinen zwischen 0,75 und 1,3 %.

Die wichtigsten Legierungselemente sind für den Schnellstahl *Wolfram* und *Molybdän*. Sie sind in Verbindung mit Chrom die eigentlichen Träger der Rotgluthärte und machen den Stahl erst zum Schnellstahl. Das Wolfram bildet im Stahl verschiedene Verbindungen, von denen die wichtigste ein hartes Doppelkarbid ist, dessen Härte fast an jene des Diamanten heranreicht. Die Wolframgehalte bewegen sich derzeit zwischen 2 und 18 %, dazu treten Molybdängehalte bis zu 9 %.

Früher wurde das Wolfram als alleiniges Legierungselement zur Erreichung der notwendigen Rotgluthärte verwendet, obwohl man bereits frühzeitig entdeckt hatte, daß das Molybdän in der Lage ist, die gleiche Wirkung bei sogar herabgesetzten Gehalten zu erzielen. Molybdän verursacht aber Schwierigkeiten in der Verarbeitung des Schnellstahles und seiner Wärmebehandlung. Außerdem traten bei der Rohstoffversorgung häufig Engpässe auf, so daß es nicht viel Verwendung gefunden hatte. In der Zwischenzeit sind viele Schwierigkeiten überwunden worden. Da heute Molybdän in ausreichender Menge zur Verfügung steht, werden gegenwärtig hauptsächlich molybdänhaltige Schnellarbeitsstähle erschmolzen.

Chrom wird den Schnellstählen im Ausmaße von etwa 3 bis 4 % beigegeben. Es unterstützt das Wolfram und Molybdän in ihrem Einfluß und verbessert vor allem die Härtefähigkeit der Schnelldrehstähle.

Zahlentafel 10. *Chemische Zusammensetzung der Schnellarbeitsstähle*
(nach Stahl-Eisen-Werkstoffblatt 320—63)

| Stahlsorte[1] | | Werk-stoff-Nr. nach DIN 17007 Blatt 2 | Chemische Zusammensetzung in Gew.-% | | | | | |
| Kurzname | | | | | | | | |
Neu[2]	Alt		C	Co	Cr	Mo	V	W
S 3-3-2	ABC III	1.3333	0,92 bis 1,02	—	3,8 bis 4,5	2,5 bis 2,8	2,2 bis 2,5	2,7 bis 3,5
S 2-9-1	BMo 9	1.3346	0,78 bis 0,86	—	3,5 bis 4,	8,0 bis 9,2	1,0 bis 1,3	1,5 bis 2,0
S 2-9-2	BMo 9 V	1.3348	0,92 bis 1,02	—	3,5 bis 4,2	8,0 bis 9,2	1,8 bis 2,2	1,5 bis 2,0
S 6-5-2	DMo 5	1.3343	0,78 bis 0,86	—	3,8 bis 4,5	4,7 bis 5,2	1,7 bis 2,0	6,0 bis 6,7
S 6-5-3	EMo 5 V 3	1.3344	1,15 bis 1,25	—	3,8 bis 4,5	4,7 bis 5,2	3,0 bis 3,5	6,0 bis 6,7
S 6-5-2-5	EMo 5 Co 5	1.3243	0,78 bis 0,86	4,5 bis 5,0	3,8 bis 4,5	4,7 bis 5,2	1,7 bis 2,0	6,0 bis 6,7
S 10-4-3-10	EW 9 Co 10	1.3207	1,15 bis 1,30	10,0 bis 11,0	3,8 bis 4,5	3,5 bis 4,0	3,0 bis 3,5	9,5 bis 11,0
S 12-1-2	D	1.3318	0,83 bis 0,93	—	3,8 bis 4,5	0,7 bis 1,0	2,3 bis 2,6	11,5 bis 12,5
S 12-1-4	EV 4	1.3302	1,20 bis 1,30	—	3,8 bis 4,5	0,7 bis 1,0	3,5 bis 4,0	11,5 bis 12,5
S 12-1-4-5	EV 4 Co	1.3202	1,25 bis 1,40	4,5 bis 5,0	3,8 bis 4,5	0,7 bis 1,0	3,5 bis 4,0	11,5 bis 12,5
S 18-0-1	B 18	1.3355	0,70 bis 0,78	—	3,8 bis 4,5	—	1,0 bis 1,2	17,5 bis 18,5
S 18-1-2-5	E 18 Co 5	1.3255	0,75 bis 0,83	4,5 bis 5,0	3,8 bis 4,5	0,5 bis 0,8	1,4 bis 1,7	17,5 bis 18,5
S 18-1-2-10	E 18 Co 10	1.3265	0,72 bis 0,80	9,0 bis 10,0	3,8 bis 4,5	0,5 bis 0,8	1,4 bis 1,7	17,5 bis 18,5

[1]) Die bevorzugt verwendeten Stahlsorten sind fett gedruckt.

[2]) In den neuen Kurznamen gibt die erste Zahl den ungefähren Wolframgehalt, die zweite den ungefähren Molybdänge-halt, die dritte den ungefähren Vanadingehalt und, sofern vorhanden, die vierte den Kobaltgehalt an.

Vanadin wird den Schnelldrehstählen in Mengen von etwa 1 bis 5 % beigegeben. Es steigert ganz wesentlich die Leistungen. Zu berücksichtigen ist jedoch, daß Vanadin fast ausschließlich an den Kohlenstoff gebunden wird, weshalb es notwendig ist, mit steigendem Vanadingehalt auch den Kohlenstoffgehalt zu erhöhen. Das hat zu der Herstellung von Schnellarbeitsstählen mit Legierungen bis etwa 1,5 % Kohlenstoff und über 3 % Vanadin geführt.

Eine ganz außerordentliche Steigerung der Leistungen des Schnellstahles hat man durch Zusatz von *Kobalt* erzielt. Nach OERTEL und GRÜTZNER (Die Schnelldrehstähle, Düsseldorf: Verlag Stahleisen 1931) steigt die Leistung eines 18%igen Wolframstahles bei einem Kobaltzusatz von 5 % um 100 %, bei einem Zusatz von 10 % Co um etwa 200 % gegenüber einem kobaltfreien Stahl, verglichen bei der Bearbeitung von Chrom-Nickel-Baustahl mit 85 kg/mm² Festigkeit. Mit kobaltlegierten Schnellstählen kann man sogar Manganhartstahl bearbeiten, was mit anderen Stählen nicht möglich ist. Die Wirkung des Kobalt im Schnellstahl geht dahin, daß es die Anlaßbeständigkeit und dadurch auch die Rotgluthärte zu höheren Temperaturen hin erweitert. Durch das Kobalt wird die Härtetemperatur des Schnellstahles erhöht und der Restaustenitgehalt im gehärteten Stück heraufgesetzt, so daß zur Erzielung einer ausreichenden Anlaßwirkung mehrmaliges Anlassen notwendig wird.

Eine gewisse Rolle im Schnellstahl spielt auch der Stickstoff, da er durch Ausscheidungshärtung die Anlaßbeständigkeit und damit auch die Leistung des Schnellstahles erhöhen kann. Selbst so unerwünschte Begleitelemente des Stahles wie der Schwefel können für bestimmte Zwecke von Vorteil sein. So hat dieses Element in richtiger Dosierung zur Folge, daß es auf Grund von Sulfidbildungen die Bearbeitbarkeit des Schnelldrehstahles wesentlich verbessern kann, wie wir dies in ähnlicher Weise auch von den Automatenstählen gehört haben.

Die Leistung der Schnelldrehstähle hängt jedoch nicht allein von der Legierung ab, auch die *richtige Wärmebehandlung* spielt eine große Rolle. In der Härtung unterscheiden sich die Schnellstähle auffallend dadurch von anderen Stählen, daß sie aus wesentlich höheren Temperaturen gehärtet werden müssen.

Wie uns vom Eisen-Kohlenstoff-Diagramm her bekannt ist, weisen die ledeburitischen Kohlenstoffstähle drei Arten von Karbid auf: das Plattenkarbid innerhalb der einzelnen Perlitkristalle, ferner das Schalenkarbid, das die Perlitkristalle umschließt, und schließlich die eingestreuten ledeburitischen Karbidkörner. Das Plattenkarbid löst sich beim Perlitpunkt auf, das Schalenkarbid bei den höheren Temperaturen im Bereich bis zu den Grenzlinien $S-E$ und $E-C$ im Diagramm. Das Ledeburitkarbid dagegen kann im Stahl im festen Zustande überhaupt nicht gelöst werden – es geht erst im flüssigen Stahl, d. h. in der Schmelze, auf. Die Zustände und Veränderungen sind im großen und ganzen auf die Schnellarbeitsstähle übertragbar, wenngleich bei diesen infolge der Anwesenheit größerer Mengen von Legierungselementen die Verhältnisse doch anders liegen und vor allem andere Karbide auftreten, die viel schwerer löslich sind als die reinen Eisenkarbide.

Um die größtmögliche Härte und Anlaßbeständigkeit zu erreichen, ist es notwendig, den Schnelldrehstahl für das Härten auf so hohe Temperaturen zu erwärmen, daß die unterledeburitischen Sonderkarbide alle in Lösung gehen. Dazu braucht man Temperaturen von 1200 bis 1300°, die von der Schmelztemperatur nicht mehr weit entfernt sind.

Im gehärteten Zustande ist das Gefüge des Schnellstahles nicht so gleichartig wie etwa bei mittelharten Kohlenstoffstählen. Neben der martensitischen Grundmasse, der Trägerin der Spannungshärte, ist auch ein austenitischer Anteil festzustellen, der die Umwandlung nicht mitgemacht hat, sondern in beständiger Form erhalten geblieben ist. Darüber hinaus sind noch die ledeburitischen Körner vorhanden, die selbst bei der hohen Härtungstemperatur nicht in Lösung gekommen waren und die jetzt in der Meißelschneide wie aufgesetzte Schneidezähne wirken (Abb. 32, s. Bildanhang).

Wird der richtig gehärtete Schnelldrehstahl auf 550 bis 600° angelassen, so wird er, wie schon erwähnt, nicht weich, es tritt im Gegenteil eine weitere Steigerung der Härte ein. Das ist auf zweierlei Umstände zurückzuführen: Einerseits treten Ausscheidungsvorgänge auf, mit denen, wie wir wissen, immer eine Härtezunahme verbunden ist; andererseits zerfällt der oben erwähnte, beim Härten zurückgebliebene Restaustenit und wandelt sich in Martensit um (Abb. 33, s. Bildanhang). Durch dieses härtesteigernde Anlassen erhöht sich die Härte des Schnellstahles noch um etwa 2 bis 3 Rockwell-Einheiten, aber nur dann, wenn die vorangegangene Härtung bei den angegebenen hohen Temperaturen durchgeführt wurde. War die

Härtetemperatur niedriger, dann läßt auch die härtesteigernde Wirkung des Anlassens nach, wie aus Abb. 34 ersichtlich ist.

Das Härten des Schnellstahles stellt eines der schwierigsten Kapitel in der ganzen Wärmebehandlung der Edelstähle dar, und es ist nicht möglich, im Rahmen dieses Buches darauf näher einzugehen [1].

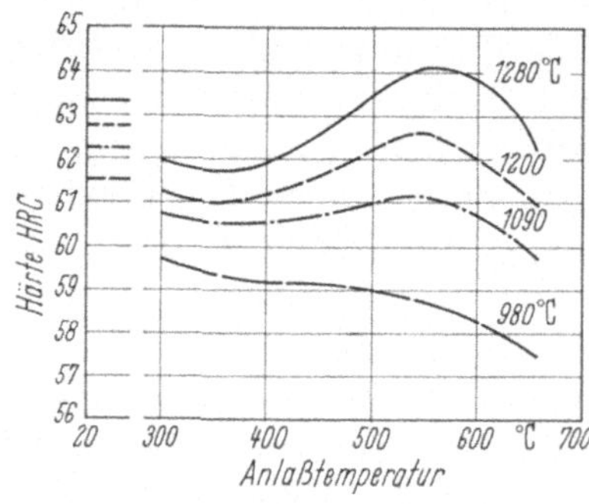

Abb. 34. Härteverlauf von gehärtetem Schnellstahl nach dem Anlassen für vier verschiedene Härtetemperaturen

Wegen des hohen Preises der Schnelldrehstähle und zur Einsparung von Legierungsmetallen werden die Werkzeuge vielfach aus billigem Siemens-Martin-Stahl angefertigt, und auf diese „Halter" wird dann die arbeitende Schneide aus Schnelldrehstahl in Form eines Plättchens aufgelegt (aufgelötet oder aufgeschweißt).

30. Schneidmetalle und Schneidkeramik

Die unter vorstehenden Sammelnamen zusammengefaßten Werkstoffe sind keine Stähle mehr. Ihre Besprechung fügt sich aber doch gut in den Rahmen dieses Buches, da sie sozusagen eine Fortsetzung der Schnellarbeitsstähle darstellen, deren höchstlegierte Arten sie in ihren Leistungen noch überbieten.

Grundsätzlich sind drei Hauptgruppen zu unterscheiden:

a) die Stellite,

b) die Hartmetalle (Karbidschneidmetalle),

c) die Schneidkeramik.

---

[1] Wer sich darüber unterrichten will, dem stehen eine Reihe guter Spezialwerke zur Verfügung. Vor allem sei hierzu auf das Stahleisen-Werkstoffblatt 320—63 verwiesen.

Bei den ersteren handelt es sich um Legierungen des Kobalts mit Kohlenstoff, Chrom, Wolfram und ähnlichen Elementen; die Hartmetalle dagegen bestehen in der Hauptsache aus Karbiden einiger besonders geeigneter Grundstoffe, wie z. B. des Wolframs, des Titans, des Tantals oder des Molybdäns. Aluminiumoxyd ist der Hauptbestandteil der Schneidkeramik.

A. Die Stellite

Die Stellite sind aus Amerika zu uns gekommen und haben von dort auch ihren Sammelnamen mitgebracht. Als deutsche Erzeugnisse haben sie bei den verschiedenen Herstellerfirmen besondere Markenbezeichnungen erhalten.

Die zur Zerspanung verwendeten Stellite sind gegossene Legierungen, die etwa zur Hälfte aus Kobalt bestehen, während sich die andere Hälfte aus Chrom, Wolfram, Molybdän und bei einigen dazu aus Niob/Tantal, Bor und Stickstoff zusammensetzt. Der Kohlenstoff ist als Härteträger ein wichtiges Element und mit 2 bis 3 % vertreten.

Während niedriggekohlte Stellite noch schmiedbar sind, müssen die hochgekohlten Schneidstellite gleich in die endgültige Form gegossen werden. Wegen ihres ledeburitischen Gußgefüges sind sie sehr spröde. Sie werden daher selten als Vollmesser verwendet, sondern auf Halterstähle in Plättchenform aufgelötet (Abb. 35, s. Bildanhang).

Auf dem Gebiete der spangebenden Formung sind die Stellite allerdings vielfach von den gesinterten Hartmetallen verdrängt worden. Man verwendet sie aber in Gestalt von Formstücken für Werkzeuge und Teile, die hohe Verschleißfestigkeit besitzen müssen, so z. B. für Preß- und Ziehmatrizen für die Stabstahl- und Drahterzeugung, Sandstrahldüsen, Führungen usw.

Darüber hinaus sind den Stelliten weitere wichtige Anwendungsgebiete erschlossen worden. Wegen ihrer guten Verschweißbarkeit eignen sie sich vorzüglich zum *Panzern* von Verschleißteilen. Man hat eine ganze Reihe von Härteabstufungen entwickelt, um den verschiedenartigen Ansprüchen gerecht zu werden. Die härtesten Sorten nimmt man für Werkstücke, die auf groben Verschleiß beansprucht werden, so zum Panzern von Schrämwerkzeugen, Förderschnecken, Verschleißteilen für Mahlanlagen usw. Eine zähere Abart eignet sich vor allem zum Auftragen von Ventilkegeln und Ventilsitzen. Eine andere Legierung gibt Warmarbeitswerkzeugen verschleißfeste Arbeitsflächen und Schneidkanten, z. B. Ziehringen, Abgratwerkzeugen, Schnitten usw.

In neuerer Zeit sind verschiedene „Sparmetalle" auf den Markt gekommen, bei denen ein Teil der Legierungsmetalle, vor allem das Kobalt, eingespart, d. h. in der Hauptsache durch Eisen ersetzt wird.

Die Stellite sind naturhart und bedürfen keiner Wärmebehandlung. Für manche Fälle ist ihre Beständigkeit gegen Rost und Säureangriffe wichtig.

B. Die Hartmetalle

Die Hartmetalle werden fast nur mehr als Sintermetalle hergestellt. Die früher für einige Sonderzwecke verwendeten gegossenen Hartmetalle kommen allein schon wegen ihrer Sprödigkeit mehr und mehr außer Gebrauch.

Für die gesinterten Hartmetalle ergeben sich vielseitige Verwendungsmöglichkeiten. Ihr hauptsächlichstes Anwendungsgebiet haben sie jedoch in der Zerspanungsindustrie gefunden. In der Form von Schneidplättchen werden sie auf Halterstähle aufgelötet und ohne jede Wärmebehandlung in Gebrauch genommen.

Die Hartmetalle haben im Werkstättenbetrieb geradezu revolutionierend gewirkt. Die Schnittgeschwindigkeiten wurden gegenüber Schnellstahl um ein Vielfaches erhöht und die Fertigungszeiten dadurch ganz beträchtlich herabgesetzt; dies unter anderem teilweise auch dadurch, daß infolge des jetzt auch wesentlich genaueren Schneidens oft jede Nacharbeit entfallen kann. Weitere Vorteile der Verwendung von Hartmetall sind: längere Standzeiten der Werkzeuge, Verringerung der Einrichtezeiten, Einsparung von Maschinen und Arbeitskräften, Steigerung und Verbilligung der Fertigung. Auch ist das Zerspanen von vielen Werkstoffen überhaupt erst jetzt möglich geworden, so z. B. von Grauguß und Hartguß, von Manganhartstahl, von Kunstharz, Hartgummi, keramischen Stoffen und sogar von Glas.

Die Hartmetalle bestehen in der Hauptsache aus Karbiden von hierzu besonders geeigneten Metallen, vor allem aus Wolfram-Karbiden – also aus chemischen Verbindungen von Wolfram und Kohlenstoff.

Das Herstellungsverfahren – das „Sintern" – besteht im wesentlichen darin, daß man die Karbide, die wie gesagt den Hauptbestandteil der Hartmetalle bilden, durch Feinmahlen auf geeignete Korngröße bringt und das so erhaltene Pulver sodann mit einem zähen Hilfsmetall – hauptsächlich mit Kobalt – bei bestimmten hohen Temperaturen verpreßt (Abb. 36, s. Bildanhang).

Die Wolfram-Karbide zeichnen sich durch eine außerordentlich große Härte aus. Die Härte des daraus hergestellten Hartmetalls wird aber durch den erwähnten Zusatz des Bindemittels Kobalt gemildert, wodurch eine gewisse Zähigkeit erreicht wird. Durch unterschiedlichen Kobaltzusatz kann man die Zähigkeit variieren, d. h. je mehr Kobalt zugesetzt wird, desto zäher wird das Hartmetall. Auf diese Weise erhält man eine ganze Reihe von Härte- bzw. Zähigkeitsabstufungen, die je nach Art des zu bearbeitenden Werkstoffes eingesetzt werden.

Im Zuge der Entwicklung hat die Anzahl der Hartmetallsorten ständig zugenommen. Dadurch ist für den Verbraucher die Übersicht und damit die Auswahl der richtigen Sorte für einen bestimmten Verwendungszweck immer schwieriger geworden. Das gilt natürlich nicht nur für Deutschland, sondern auch für die anderen Industrieländer.

Das Technische Komitee ISO/TC 29 (International Organization for Standardization) hat nun vor einiger Zeit ein Ordnungssystem ausgearbeitet, das die *Zerspanungs*-Hartmetalle in drei Hauptgruppen einordnet. Jede Hauptgruppe ist durch einen der drei Gruppen-Buchstaben P, M oder K gekennzeichnet. In Angleichung an dieses Ordnungssystem hat der Deutsche Normenausschuß (DNA) das Deutsche Normblatt DIN 4990 (Ausgabe April 1959) herausgebracht. Es ergibt sich folgende Übersicht:

Hauptgruppe P für langspanende Werkstoffe (Stahl, Stahlguß, langspanender Temperguß);

Hauptgruppe M für lang- und kurzspanende Werkstoffe (Stahl, Stahlguß, Manganhartstahl, legierter Grauguß, austenitische Stähle, Temperguß, Automatenstahl);

Hauptgruppe K für kurzspanende Werkstoffe (Grauguß, Hartguß, kurzspanender Temperguß, gehärteter Stahl, Nichteisenmetalle, Kunststoffe, Holz).

Jede dieser drei Zerspanungs-Hauptgruppen ist in Anwendungsgruppen unterteilt, in denen die Hartmetallsorten nach Zähigkeit und Verschleißfestigkeit geordnet sind.

Neben den bisher besprochenen genormten Hartmetallen für die *spanabhebende Formgebung* sind auch für die *spanlose Formgebung* sowie auch für *Verschleißteile* geeignete Hartmetalle entwickelt worden, so z. B. für Ziehsteine und Ziehdorne, für Kaltschlagwerkzeuge in der Schrauben- und Nietenindustrie, zum Bestücken von Verschleißteilen im Maschinenbau u. dgl. mehr. Andere Sorten werden im *Bergbau* mit bestem Erfolg verwendet, z. B. zum Bestücken von Bohrkronen, für Dreh- und Schlagbohrer usw.

C. Die Schneidkeramik

Die Schneidkeramik findet heute in begrenztem Umfang in der Zerspanung Anwendung. Sie besteht aus Aluminiumoxyd mit geringen Zusätzen anderer Oxyde und Karbide und besitzt gegenüber den Schneidmetallen erhöhte Warmhärte und Verschleißfestigkeit. Die Schneidkeramik eignet sich besonders zum Drehen von Gußeisen und Stahl mit hohen Schnittgeschwindigkeiten. Von Nachteil ist die große Sprödigkeit dieses Schneidstoffes.

31. Systematische Benennung der Stähle

Die Stahlindustrie hat ein System von Kurzbezeichnungen für Stähle entwickelt, das in DIN 17 006 niedergelegt ist. Es wird ergänzt von einem Nummernsystem, dessen Wesen in DIN 17 007 beschrieben ist.

A. Kurzbezeichnung

Aus Abschnitt 9 A ist die Kurzbezeichnung der unlegierten Massenbaustähle bereits bekannt. So steht St 37 für einen Stahl mit 37 kg/mm² Mindestzugfestigkeit. Während hier im Kurznamen nur ein Hinweis auf die mechanischen Eigenschaften gegeben wird, ist bei Qualitäts- und Edelstählen die Kurzbezeichnung von der chemischen Zusammensetzung bestimmt. An erster Stelle steht die Kennzahl für den Kohlenstoff. Es folgen die chemischen Symbole der Legierungselemente, und zwar in der Reihenfolge ihres Einflusses. Daran schließen sich die Kennzahlen für die Höhe des Legierungsgehaltes an. Um gebrochene Zahlen zu vermeiden, werden als Legierungskennzahlen nicht einfach die Prozentgehalte der Legierungselemente eingesetzt, sondern durch Multiplikation der Prozentgehalte mit einem für jedes Legierungselement festgelegten Faktor ganze Zahlen erreicht.

Legierungszusätze: Multiplikator

    Cr, Co, Mn, Ni, Si, W   4

    Al, Be, Pb, B, Cu, Mo, Nb, Ta, Ti, V, Zr . . .   10

    P, S, N, Ce, C   100

Ein Vergütungsstahl mit der Soll-Analyse 0,34 % C und 1 % Cr erhält demnach die Kurzbezeichnung 34 Cr 4. Liegen mehrere Elemente mit gleichem Gehalt vor, so erscheint die Kennzahl nur einmal. Ein Einsatzstahl mit 0,18 % C, 2 % Cr und 2 % Ni bekommt deshalb die Kurzbezeichnung 18 CrNi 8. Die Kennzahl entfällt, wenn sie zur Bestimmung des Stahles und Unterscheidung von ähnlichen Stählen nicht unbedingt erforderlich ist. Ein Nitrierstahl mit 0,34 % C, 1,25 % Cr, 1 % Al und 0,2 % Mo müßte so die Bezeichnung 34 CrAlMo 5 10 2 tragen. Die beiden letzten Kennzahlen erscheinen aber nicht; der Stahl heißt 34 CrAlMo 5.

Bei unlegierten Stählen wird der Kohlenstoff-Kennzahl das chemische Symbol vorangestellt. C 60 steht also für einen Stahl mit 0,60 % C ohne weitere Legierungszusätze und ist wohl zu unterscheiden von St 60, einem unlegierten Massenbaustahl mit 60 kg/mm² Mindestzugfestigkeit, der nur etwa 0,40 % C enthält.

Im Falle hochlegierter Stähle erübrigt sich, außer bei Kohlenstoff, der Multiplikator, da die Prozentgehalte der Legierungselemente ohnehin ganze Zahlen ergeben. Deshalb wird hier der Kurzbezeichnung ein X vorangestellt und die Kennzahl gleich dem Prozentgehalt gesetzt. Der hochlegierte nichtrostende Stahl mit 0,12 % C, 18 % Cr und 8 % Ni erhält die Kurzbezeichnung X 12 CrNi 18 8.

Den Kurzbezeichnungen können Kennbuchstaben und -zahlen vorangestellt oder angefügt werden, die zur weiteren Kennzeichnung dienen. Zum Beispiel bedeuten vorangestellt:

M	Erschmelzung im SM-Ofen	
T	Erschmelzung im Thomas-Konverter	} an erster Stelle
E	Elektrostahl allgemein	
A	alterungsbeständig	} an zweiter Stelle
S	schmelzschweißbar	

usw.

und nachgestellt:

G	weichgeglüht
N	normalisiert
V	vergütet

usw.

Beispiel: E 42 CrMo 4 V = Elektrostahl mit 0,42 % C, 1 % Cr und Mo-Zusatz, vergütet.

Durch Voranstellen eines G- wird auf die Fertigung in Stahlformguß hingewiesen.

Die Kurzbezeichnung für Schnellstähle besteht aus dem Buchstaben S mit nachgestellten Ziffern. Davon bedeutet die erste den Wolfram-, die zweite den Molybdän-, die dritte den Vanadin- und die vierte den Kobalt-Gehalt in Gewichtsprozent.

Beispiel: S 18-1-2-5 (s. Zahlentafel 10).

B. Werkstoffnummer

Die Werkstoffnummern sind siebenstellig. Darin kennzeichnet die erste Ziffer die Werkstoffhauptgruppe (1 für Stahl, 2 für Schwermetall, 3 für Leichtmetalle usw.). Die zweite bis fünfte Ziffer ergibt die Sortennummer. Die sechste Ziffer steht für die Erschmelzungsart (beginnend mit 1 für unberuhigten Thomasstahl bis 9 für Elektrostahl). Die siebente Ziffer gibt den Behandlungszustand an (z. B. 2 für weichgeglüht, 5 für vergütet, 7 für kaltverformt). In der Stahlindustrie wird häufig nur die Sortennummer angegeben, eine vierstellige Zahl, deren erste Ziffer die Sortenklasse und deren zweite die Legierungsgruppe anzeigt, während die dritte und vierte Ziffer laufende Zählnummern bedeuten.

Die Ziffer für die Sortenklasse bedeutet:

0	Massen- und Qualitätsstähle	
1	unlegierte Edelstähle	
2	Werkzeugstähle	
3	verschiedene Stähle	legiert
4	chemisch- bzw. temperaturbeständige Stähle	
5 bis 8	Baustähle	

Beispiel: 1.2721.92; in dieser Werkstoffnummer bedeuten die Ziffern

1	Werkstoffhauptgruppe Stahl	
2	Sortenklasse legierter Werkzeugstahl	
7	Legierungsgruppe nickelhaltig	2721 Sortennummer
21	Zählnummer	
9	Elektrostahl	
2	weichgeglüht	

32. Prüfung der Stähle

Obwohl der Stahl auf dem ganzen Herstellungsgang nach jedem Erzeugungsabschnitt bereits einer strengen Teilprüfung unterworfen worden ist, muß er vor der Ablieferung noch eine Gesamtprüfung über sich ergehen lassen. Es wird dabei festgestellt, ob er wirklich die Eigenschaften besitzt, die seine künftige Verwendung verlangt; ferner wird nochmals untersucht, ob sich nicht Fehler eingeschlichen haben, die sich im Gebrauch ungünstig auswirken könnten.

Bei der *chemischen* Prüfung wird festgestellt, ob die vorgeschriebene Zusammensetzung eingehalten worden ist und ob die nun einmal nicht ganz zu vermeidenden Verunreinigungen durch Schwefel, Phosphor usw. innerhalb der zulässigen Grenzen liegen. Die Zusammensetzung allein ist für die Güte des Stahles allerdings nicht ausschlaggebend. Jeder Verbraucher weiß, daß sich Stähle verschiedener Herkunft trotz praktisch gleicher Zusammensetzung recht verschieden verhalten können.

Nach der chemischen Prüfung werden *Bruch-* und *Härteproben* gemacht.

Hieran wird sich eine genaue *Prüfung des Gefüges* anschließen. Dazu werden kleine Probestücke aus dem Stahl herausgeschnitten, geschliffen, poliert und geätzt. Bei der nachfolgenden Untersuchung unter dem Mikroskop wird die Korngröße (Grobkörnigkeit) beurteilt, und es lassen sich auch Fehler, wie Seigerungen, Aufkohlung oder Entkohlung des Randes, Lunker, Risse und Blasen, genau erkennen.

Eine *Seigerung* liegt vor, wenn sich beim Erstarren des Stahles aus der Schmelze einzelne Bestandteile, vor allem Schwefel und Phosphor, aber auch Mangan und Kohlenstoff, ungleichmäßig ausgeschieden und verteilt haben, wozu noch Schlackeneinschlüsse kommen können. Als *Lunker* bezeichnet man Hohlräume, die sich ebenfalls beim Erstarren durch das Schrumpfen des Stahles in seinem Innern bilden. Durch geeignete Maßnahmen beim Gießen können die Lunker nach oben in den sog. „verlorenen Kopf" verlegt werden, der nach dem Auswalzen des Blockes entfernt wird. Sind Lunker im Block zurückgeblieben, dann werden sie durch das Walzen und Schmieden gestreckt und machen den Stahl unbrauchbar. Treten diese Fehler nicht schon während der Bearbeitung zutage, dann machen sie sich spätestens beim Härten unangenehm bemerkbar – die damit behafteten Stücke reißen. *Blasen* sind ähnliche Hohlräume, die aber durch Gase verursacht werden, die im flüssigen Stahl gelöst sind oder sich in der Schmelze neu bilden.

Werden *schlackenhaltige* Blöcke ausgewalzt, dann strecken sich die Schlackenteile mit und bilden im Stahl ein zeilenartiges Gefüge. Solcher Stahl ist in der Querrichtung nicht so zäh wie in der Längsrichtung und daher geringwertiger.

In diesem Zusammenhang sollen noch kurz einige Eigenschaften des Stahles besprochen werden, die der Fachmann mit Rot-, Schwarz-, Blaubrüchigkeit bezeichnet. Ein Stahl ist *rotbrüchig*, wenn er beim Schmieden oder Walzen in der Rotgluthitze, d. h. in dem Hitzebereich zwischen 700 und 900°, leicht reißt. Dabei treten hauptsächlich Querrisse auf. Verantwortlich dürfte für diese Erscheinung die Anwesenheit von Schwefel, Sauerstoff oder Arsen zu machen sein. Von *Schwarzbruch* spricht man, wenn in kohlenstoffreicheren Stählen die Bruchfläche teilweise ein mattschwärzliches, schuppig „marmoriertes" Aussehen hat. An diesen Stellen nimmt der Stahl keine Härte an. Die Ursache dafür ist, daß sich in diesem Stahl der Kohlenstoff nicht als Karbid abgeschieden hat, sondern in ungebundener Form, d. h. als reiner Kohlenstoff. Diese Erscheinung tritt besonders dann auf, wenn höhergekohlter Stahl zu langsam abgekühlt wird. Die *Blaubrüchigkeit* ist eine gesteigerte Verminderung der Zähigkeit um 300°. In diesem Temperaturbereich besitzen viele Baustähle ein Höchstmaß an Sprödigkeit, weshalb hierbei jede Formveränderung durch Schmieden, Biegen, Bördeln usw. nach Möglichkeit vermieden werden soll, weil sonst leicht Brüche auftreten. Dabei laufen die Bruchflächen blau an, woher die Erscheinung den Namen hat.

Bei der Endprüfung wird aber, wie schon erwähnt, nicht nur nach Fehlern gesucht, es werden vielmehr auch die geforderten Eigenschaften des Stahles genau gemessen. In der Hauptsache handelt es sich dabei um die Festigkeit, Streckgrenze, Dehnung, Einschnürung und Kerbschlagzähigkeit bei den Baustählen sowie um die Härte bei den Werkzeugstählen.

Eine Reihe von mechanischen Werten erhält man durch den Zugversuch (Zerreißprobe). Aus dem zu prüfenden Stahl wird eine Probe herausgeschnitten und daraus der „Zerreißstab" angefertigt (Abb. 37, s. Bildanhang). Der mittlere Teil des Stabes, in dem er bei der Prüfung reißt, hat einen Durchmesser (d) von 10 mm; die Meßlänge beträgt den zehnfachen Durchmesser ($l = 10d = 100$ mm) oder auch nur den fünffachen ($l = 5d = 50$ mm). Über die vorgesehene Meßlänge hinaus nimmt die Stärke des Probestabes gegen die Enden hin zu. Man erreicht dadurch, daß der Stab auch wirklich innerhalb der schwächeren Meßlänge reißt. Der Zerreißstab wird in die „Zerreißmaschine" eingespannt und langsam belastet. Die Zunahme der Belastung kann man an dem eingeschalteten Manometer verfolgen, dessen Schleppzeiger dann beim Reißen des Stahles stehenbleibt.

Die *Elastizitätsgrenze* ist jene höchste Belastung, bei welcher der Stab nach der Entspannung wieder seine ursprüngliche Form annimmt. Zur Bestimmung dieses Wertes wird der Stab so oft einer fortschreitend höheren Belastung ausgesetzt und nachfolgend wieder entspannt, bis eine *bleibende* Dehnung festzustellen ist.

Die *Proportionalitätsgrenze* ist eine Belastungsgrenze, bei welcher die Dehnung nicht mehr im gleichen Verhältnis zur Belastung zunimmt.

Die *Streckgrenze* ist die Spannung, bei der trotz zunehmender Formveränderung die Kraftanzeige der Zerreißmaschine erstmalig unveränderlich bleibt oder zurückgeht. Nach Überschreiten der Streckgrenze tritt eine fortschreitende Verformung des Werkstoffes bis zum Bruch ein.

Bei weiterer Belastung reißt der Prüfstab schließlich. Das Manometer zeigt dann die *Zerreiß-* oder *Bruchlast* des Stahles an. Sie wird auf den Ausgangsprobenquerschnitt bezogen und als Zugfestigkeit in kg/mm² angegeben, ebenso wie die Elastizitätsgrenze und wie die Streckgrenze.

Die *Dehnung* des Stahles gibt an, in welchem Ausmaße (um wieviel Prozente) die ursprüngliche Meßlänge bis zum Zerreißen des Stabes zugenommen hat.

Beim Belastungsvorgang dehnt sich der Zerreißstab nicht gleichmäßig über die ganze Länge aus (Ausnahme: Mangan-Hartstahl). Es tritt vielmehr mit zunehmender Belastung kurz vor dem Bruch an einer Stelle eine stärkere Querschnittsabnahme ein, wo dann der Stab auch reißt. Das Verhältnis zwischen dem ursprünglichen Stabquerschnitt und dem verminderten Querschnitt an der Bruchstelle bezeichnet man als die *Einschnürung*. Der Wert wird ebenfalls in Prozenten ausgedrückt.

Die *Kerbschlagzähigkeit* wird in Meterkilogramm (mkg) ausgedrückt. Das Meterkilogramm ist die Maßeinheit, mit der man die Arbeit mißt. Es stellt jene Arbeit dar, die notwendig ist, um ein Kilogramm einen Meter hoch zu heben. Vergleichsweise kann man aber dann auch die Größe einer jeden anderen mechanischen Arbeit

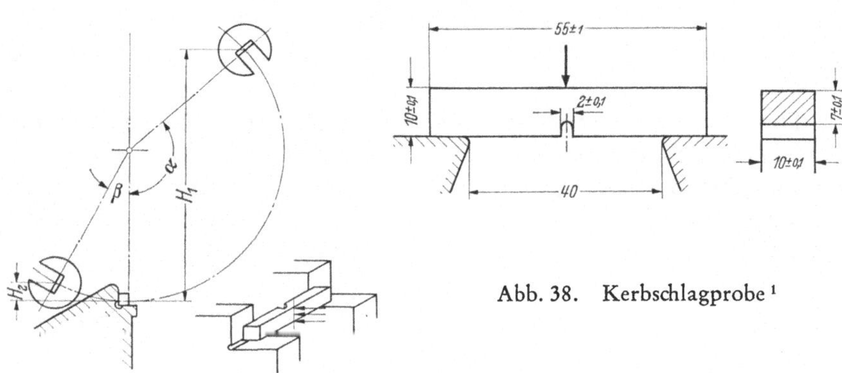

Abb. 38.   Kerbschlagprobe [1]

in mkg angeben. Als Kerbschlagzähigkeit wird nun die Schlagarbeit bezeichnet, die erforderlich ist, um einen eingekerbten Flachstab durchzuschlagen, und zwar umgerechnet auf einen Querschnitt von 1 cm². Ausgeführt wird der Kerbschlagversuch mittels des Pendelhammers. In Abb. 38 wird diese Prüfmethode schematisch dargestellt: Der Hammerbär fällt aus einer bestimmten Höhe bogenförmig herab und schlägt im Schwung den Prüfstab durch. Aus der Höhe, die der Hammer nach dem Brechen des Prüfstabes im Durchschwingen wieder erreicht, wird errechnet, welche Arbeit bei dem Versuch verbraucht worden ist. Eine Teilskizze der Abbildung zeigt, wie der

---

[1] Aus Werkstattbücher Heft 34, P. RIEBENSAHM und P. W. SCHMIDT: Werkstoffprüfung (Metalle), 6. Auflage, Berlin/Heidelberg/New York: Springer 1965.

Prüfstab in das Pendelschlagwerk eingelegt wird; er liegt nur an den beiden Enden auf. – Der Kerbschlagversuch gibt die Zähigkeit des Stahles bei Schlagbeanspruchung an. Sie kann durch falsche Wärmebehandlung vermindert sein. Aber auch Ungänzen im Innern des Stahles können die Kerbschlagwerte stark herabsetzen, da sie wie Einkerbungen wirken.

Ein Bau- oder Maschinenstahl kann bei wechselnder Beanspruchung nach längerer Betriebsdauer brechen, auch wenn die *höchste* Beanspruchung weit unter der Zugfestigkeit liegt. Man spricht dann von einer *Ermüdung* des Stahles. Es bilden sich dabei zuerst feine Querrisse, die von der Oberfläche ausgehen, sich nach und nach vergrößern und schließlich zum *Dauerbruch* führen. Mit *Dauerfestigkeit* wird jene größte Beanspruchung bezeichnet, die der Stahl bei dauerndem Belastungswechsel erträgt, ohne zu brechen. Ihr Wert wird in kg/mm² angegeben.

Als *Härte* kann man den Widerstand angeben, den ein Körper einem von außen eindringenden härteren Körper, etwa der Spitze eines Diamanten u. dgl., entgegensetzt. Bei Stahl kann man zur Messung dieses Wertes die Brinellpresse oder den Rockwell-Härteprüfer verwenden. In der Brinellpresse wird eine harte Stahlkugel in den zu prüfenden Gegenstand gepreßt. Je größer bei einem ganz genau festgelegten Druck der Kugeleindruck ausfällt, desto weicher ist der Stahl. Der Durchmesser des Eindruckes wird mittels einer Meßlupe ermittelt und mit einer zugehörigen Tabelle verglichen, die für jeden möglichen Eindruck die *Brinellzahl* angibt. Da der Widerstand gegen das Eindringen der Brinellkugel auf die gleiche Ursache zurückzuführen ist wie der Widerstand gegen das Zerreißen auf der Zerreißmaschine, wird man auch auf ein bestimmtes Verhältnis zwischen Zerreißfestigkeit und Brinellhärte schließen dürfen. Ein solches Verhältnis ist tatsächlich vorhanden, und zwar beträgt die Zugfestigkeit etwa ein Drittel der Brinellzahl. Wird die Stahlkugel der Brinellpresse durch eine Diamant-Pyramide mit einem Spitzenwinkel von 136° ersetzt, dann erhält man als Prüfergebnis die *Vickershärte*. Im Gegensatz zur Brinell- und Vickershärte wird bei der *Rockwellhärte* nicht der Eindruckdurchmesser ausgewertet, sondern die Eindringtiefe. Man bedient sich dabei des Rockwell-Härteprüfers, bei dem eine Diamantspitze (bei hartem Stahl) oder eine kleine hochharte Stahlkugel in den Stahl gepreßt wird. An der mit dem Apparat verbundenen Meßuhr kann man die Rockwell-Härtezahl sofort ablesen. Dieses Prüfverfahren eignet sich besonders für gehärtete Stähle.

SHORE geht bei seiner Härteprüfung von anderen Gedankengängen aus. In einer Glasröhre, die mit Teilstrichen versehen ist, läßt er aus einer bestimmten Höhe eine gehärtete Kugel oder ein Hämmerchen auf den zu prüfenden Stahl niederfallen und gibt die Höhe des Rückpralls der Kugel an. Der Apparat heißt *Skleroskop,* und man spricht von der *Rückprall-* oder *Skleroskophärte* des Stahles.

Für die Bewährung eines in der Wärme beanspruchten Stahles ist die Widerstandsfähigkeit oder Festigkeit in der Wärme von ausschlaggebender Bedeutung. Unter *Warmfestigkeitswerten* versteht man im allgemeinen Streckgrenzen-, Festigkeits- und Dehnungswerte, wie sie durch den normalen Zugversuch bei erhöhten Temperaturen ermittelt werden. Die Prüfdauer beim Warmzerreißversuch beträgt jedoch etwa 20 bis 25 Minuten. Die so ermittelten Zahlenwerte, insbesondere die Warmstreckgrenze, sind aber bei Betriebstemperaturen oberhalb 400° als Berechnungsgrundlage für den Konstrukteur ungeeignet. Schon oberhalb etwa 400° wirkt der Faktor „Zeit" bestimmend auf den Ablauf der Verformungen unter Belastung ein, so daß bereits bei Beanspruchungen unterhalb der Warmstreckgrenze ein Fließen des Stahles einsetzt und erst nach längerer Zeit oder überhaupt nicht mehr zum Stillstand kommt. Bisher ist es noch nicht gelungen, ein einfach und rasch durchzuführendes Prüfverfahren zu entwickeln, dessen Ergebnisse als unbedingt zuverlässige Berechnungs- und Konstruktionsunterlage bei beliebigen Temperaturen dienen könnten. Man half sich lange mit einem abgekürzten Prüfverfahren, das der Ermittlung der bis vor einigen Jahren als DVM-Dauerstandfestigkeit bezeichneten Warmfestigkeitskenngröße diente. Den Begiff „Dauerstandfestigkeit" hat man in neuerer Zeit wieder ausgemerzt und hierfür die in DIN 57 117 genormte Kenngröße der DVM-Kriechgrenze eingeführt. Nach der Definition des Deutschen Verbandes für Materialprüfung versteht man unter der DVM-Kriechgrenze diejenige Beanspruchung, die in der 25. bis 35. Versuchsstunde eine Dehngeschwindigkeit von einem tausendstel Prozent je Stunde ergibt, wobei gleichzeitig die bleibende Dehnung nach 45 Stunden Gesamtversuchszeit nicht mehr als 0,2 % betragen darf. Die Annahme, daß Stähle bei höheren Temperaturen unter Belastungen, die der DVM-Kriechgrenzen-Kenngröße entsprechen, selbst bei sehr langzeitiger Beanspruchung keine größeren plastischen Formveränderungen erleiden oder gar zu Bruch gehen können, erwies sich als unrichtig. Das Ergebnis der DVM-Kriechgrenzenbestimmung kann bis zu Temperaturen von etwa 450° in sehr beschränktem Umfange als Richtwert für Berechnungsunterlagen herangezogen werden. Es bestehen jedoch heute keine Zweifel mehr darüber, daß vielseitige Einflußfaktoren, sei es von seiten der Vergütefestigkeit, der Korngröße oder einer vorausgegangenen Kaltbearbeitung, den Zahlenwert der DVM-Kriechgrenzen derart stark verändern können, daß keine Parallele zu dem tatsächlichen Werkstoffverhalten in der praktischen Betriebsbeanspruchung mehr daraus abgeleitet werden kann. Man ist daher gezwungen, in Langzeitversuchen alle diejenigen Werkstoffeigenschaften zu ermitteln, die zur Beurteilung des Werkstoffverhaltens hochtemperaturbeanspruchter Bauteile in einer Berechnung Berücksichtigung finden müssen. In DIN 50 119 und DIN 50 118 sind die Begriffe für die Durchführung und Auswertung derartiger Langzeitversuche genormt. Man spricht nicht mehr von „Dauerstandverhalten", sondern von „Zeitstandverhalten", und hat entsprechende Kenngrößen, „Zeitstandfestigkeit" und „Zeitdehngrenze", eingeführt. Als Zeitstandfestigkeit bei bestimmter Temperatur versteht man die auf den Anfangsquerschnitt der Probe bei Raumtemperatur bezogene ruhende Belastung, die nach Ablauf einer bestimmten Belastungszeit einen Bruch der Probe hervorruft. Die Zeitdehngrenze kennzeichnet bei bestimmter Temperatur die Belastung, die nach Ablauf einer bestimmten vom Versuchsbeginn an gezählten Versuchszeit einen bestimmten Dehnbetrag bewirkt, z. B. 0,1 % bzw. 1 % Dehnung nach 1000, 10 000 oder 100 000 Stunden. Die Begriffe besagen bereits, daß zur Festlegung der Zeitstandkenngrößen langzeitige Kriechversuche bei höheren Temperaturen gefahren werden müssen. Die Dehnung der Proben unter Belastung wird fortlaufend gemessen und in Diagramme, sog. Zeitdehnschaubilder, eingetragen. An Hand einer größeren Anzahl derartiger Kriechkurven unter verschiedenen Belastungen kann für einen bestimmten Stahl für eine bestimmte Temperatur ein Zeitstandschaubild aufgenommen werden, bei dem die Zeiten bis zum Eintritt des Bruchs bzw. des Erreichens eines bestimmten Dehnbetrages in Abhängigkeit von der Belastung aufgetragen werden. Allein die Beschreibung der Versuchsdurchführung läßt erkennen, welcher umfangreichen Prüfungen die Festlegung der Berechnungskenngrößen warmfester Werkstoffe bedarf. Für den Konstrukteur ist die Kenntnis der wirklichen Langzeiteigenschaften der von ihm verwendeten Stähle von unschätzbarer Bedeutung, da sie ihm die Möglichkeit bieten, temperaturbeanspruchte Bauteile „auf Zeit" zu rechnen. Man spricht in diesem Zusammenhang von der zu erwartenden Lebensdauer eines Bauteiles.

Seit einiger Zeit gewinnen die Verfahren der „zerstörungsfreien Werkstoffprüfung" immer mehr an Bedeutung. Mit diesen Verfahren kann man *fertige* Werkstücke untersuchen, d. h. man kann damit Fehler erfassen, die erst bei der Weiterverarbeitung eines an sich einwandfreien Stahles entstanden sind, ohne daß die Fertigteile, was schon der Name dieser Prüfverfahren besagt, dabei zerstört werden.

Das bekannteste dieser Verfahren ist die Prüfung mittels *Röntgenstrahlen*. Das Prinzip ist jedem Laien schon vom Gebiete der Medizin her bekannt, so daß es keiner langen Erklärung bedarf. Die Röntgenstrahlen können so „hart" gestellt werden, daß sie auch Stahl durchdringen und dabei einen hinter dem Werkstück angebrachten Film belichten. Genau wie bei der Durchleuchtung des menschlichen Körpers werden dabei Unterschiede in der Dichte des untersuchten Stoffes – beim Stahl also Lunker, Gasblasen, Risse u. dgl. – sichtbar gemacht. Diese Methode wird vor allem für das Prüfen von Schweißnähten angewandt.

Die Prüfung mittels *Ultraschall* dient gleichfalls der Aufdeckung von Innenfehlern. Unter Ultraschall versteht man akustische – also mechanische, nicht elektrische – Wellen, die aber für uns nicht mehr hörbar sind, weil ihre Frequenz, also die Zahl der Schall-Schwingungen, jenseits (lateinisch: ultra) der Hörgrenze liegt, die etwa 20 000 Hertz beträgt (1 Hertz = 1 Schwingung je Sekunde). Bei dieser Prüfart wird meist nach dem Prinzip des *Echo-Verfahrens* vorgegangen, das in der Form des Echolotes für Tiefsee-Messungen wohlbekannt ist. Mittels einer Meßdose werden die Schall-Schwingungen in das zu untersuchende Werkstück geschickt und an der inneren Rückseite des Prüfstückes zurückgeworfen. Dieses „Echo" wird von der gleichen Meßdose wieder aufgenommen, durch geeignete Einrichtungen verstärkt und auf einer Kathodenstrahlröhre sichtbar gemacht. Die erwähnte Meßdose ist also gleichzeitig Sender und Empfänger. Liegen nun zwischen der Strahlen-Eingangsseite und der reflektierenden Rückseite des zu untersuchenden Werkstückes Materialfehler, so wird das Echo gestört. Der erfahrene Prüfer kann dann die Fehlstellen orten und auch Aussagen über die Art der

Fehler und deren Größe machen. Es gibt verschiedene Arten von Ultraschall-Prüfsystemen.

Manchen Nichtfachmann wird es vielleicht überraschen, daß auch die *Spektralanalyse* in das Gebiet der Werkstoffprüfung hereingenommen wurde. Das weiße Sonnenlicht kann, wie jedermann weiß, durch Brechung in geschliffenen Gläsern oder auch in Regentropfen (Regenbogen!) in seine Grundfarben zerlegt werden – in die Spektralfarben. Interessant und wichtig ist, daß das Spektrum eines jeden chemischen Elementes, d. h. des von ihm in glühendem Zustand ausgesandten Lichtes, verschieden ist – einige Farben fallen jeweils aus, und auf dem bei dem Versuch mitverwendeten „Schirm" erscheinen nur die Spektrallinien des betreffenden chemischen Elementes. Wer Näheres darüber wissen will, muß schon zu einem Physik-Lehrbuch oder zum „Brockhaus" greifen. Für die Werkstoffprüfung selbst gibt es Apparate in den verschiedensten Größen, die aber alle nach dem gleichen Prinzip arbeiten: Zwischen dem zu untersuchenden Werkstück und einer Kohleelektrode wird ein elektrischer Lichtbogen gezogen. Dieses Bogenlicht wird, wie oben angedeutet, optisch zerlegt, und auf dem Bildschirm erscheinen die Kennlinien der Legierungselemente, die in dem untersuchten Stahl enthalten sind. Diese Methode eignet sich vor allem dazu, Materialverwechslungen zu erkennen.

Das *Magnetoflux-Verfahren* (Magnet-Pulver-Verfahren) deckt kleinste Oberflächenfehler auf, z. B. feine Härterisse u. dgl. Das Prüfstück wird in ein Magnetfeld gebracht, oder anders ausgedrückt: es wird ein magnetischer Fluß durchgeschickt. Streut man dann feines Eisenpulver über das Stahlstück, dann wird sich das Pulver nicht gleichmäßig verteilen – es wird vielmehr an den Oberflächenfehlern stärker auftreten und sie damit sichtbar machen.

33. Über die Erzeugung von Eisen und Stahl

Nachdem wir uns beim Durcharbeiten dieses Büchleins bisher gründlich mit dem *Wesen* des Stahles auseinandergesetzt haben, wollen wir zum Abschluß in großen Zügen auch noch einen kurzen Überblick über die *Erzeugung* von Eisen und Stahl gewinnen. Wer sich eingehend mit dieser Frage befassen will, dem werden die nachfolgenden Ausführungen allerdings nicht genügen, der muß schon zu einer ausgesprochenen „Eisenhüttenkunde" greifen.

A. Die Roheisenerzeugung

Das Element Eisen kommt in der Natur nicht in gediegenem Zustande vor, man muß es aus den Eisenerzen gewinnen. Die Erze sind chemische Verbindungen des Eisens mit Sauerstoff und auch noch mit einigen anderen Grundstoffen – wir haben es, um in der Sprache der Chemiker zu reden, mit Eisenoxyden, mit Eisenhydroxyden, mit Eisenkarbonaten zu tun, die mehr oder weniger rein oder mit anderen Stoffen – der Gangart – verwachsen vorkommen.

Die Gewinnung des Eisens besteht nun in der Hauptsache darin, daß man die chemischen Verbindungen sprengt und dann das freigewordene Eisen aus seiner Umgebung herausschmilzt.

Bringt man Verbindungen des Sauerstoffs bei hohen Temperaturen mit Grundstoffen zusammen, die zu dem Sauerstoff eine größere „Affinität", eine größere chemische Verwandtschaft haben, dann löst er sich aus seiner Verbindung, um sich mit dem näher verwandten Grundstoff sofort aufs neue zu verbinden. Der Chemiker bezeichnet eine solche Loslösung des Sauerstoffs als *Reduktion*, und wir sagen in unserem Fall, die Eisenerze werden zu Eisen *reduziert*. Stoffe, die den Sauerstoff aus einer chemischen Verbindung herauszulösen vermögen, bezeichnet man als *Reduktionsmittel*. Das wichtigste Reduktionsmittel bei der Eisengewinnung ist der Kohlenstoff.

Der chemische Prozeß der Eisengewinnung wird im *Hochofen* durchgeführt, einem 20 bis 30 m hohen, mit feuerfesten Steinen ausgekleideten Schachtofen (Abb. 39, s. Bildanhang).

In wechselnden Lagen wird der Hochofen mit Erz und Koks „beschickt". Ohne Unterlaß ziehen an einer riesigen Schrägleiter gewaltige Kübel hoch und entleeren ihren Inhalt durch die „Gicht" in den Ofenschacht. Dem Erz hat man vorher in genau berechneten Mengen die „Zuschläge" – meistens Kalkstein – beigemengt, und dieses Gemisch wird „Möller" genannt. Die Zuschläge haben den Zweck, eine leicht schmelzende Schlacke zu bilden, die alle Verunreinigungen des Erzes und des Kokses aufnehmen soll.

Zum Verbrennen des Kokses (in holzreichen Ländern, wie z. B. in Schweden, nimmt man auch Holzkohle) ist natürlich Luft notwendig. Der Hochofen „zieht" aber nicht, denn er besitzt keinen Kamin und ist außerdem von unten bis oben vollgestopft. Man muß daher die unentbehrliche Luft unter Druck einführen, und zwar in ganz beträchtlichen Mengen. In großen Gebläsemaschinen wird der „Wind" erzeugt, der dann durch wassergekühlte Düsen in den unteren Teil des Hochofens hineingepreßt wird. Vorher wird der Wind in den „Winderhitzern" auf 600 bis 800° erhitzt, wodurch man höhere Ofentemperaturen erzielt und auch wirtschaftlicher arbeitet.

Die bei der Verbrennung entstehenden Gase dringen durch die Erz- und Koksschichten nach oben zur Gicht durch, und auf diesem Wege erleiden und bewirken sie mannigfache Umwandlungen und Reaktionen. Dabei werden im obersten Teil des Hochofens die Erze und der Brennstoff getrocknet und erhitzt, im mittleren Teil beginnt die Reduktion und zuunterst – im „Gestell" – sammelt sich das geschmolzene Eisen an. Auf dem Eisen schwimmt die leichtere Schlacke und fließt durch eine in richtiger Höhe angebrachte Öffnung laufend ab. Das flüssige Eisen dagegen wird in Abständen von etwa 3 bis 4 Stunden durch das am Boden des Ofens befindliche „Stichloch" abgelassen – der Hochofen wird „abgestochen", indem man das mit Ton verstopfte Stichloch mittels Sauerstofflanzen aufbrennt.

Das zur Gicht hochsteigende Gas wird auf-gefangen und verwertet. Es besteht haupt-sächlich aus brennbarem Kohlenoxyd (CO) und nichtbrennbarem Kohlendioxyd (CO_2) sowie aus einem beachtlichen Anteil von Stick-stoff, der bis zu 60 % betragen kann und den Heizwert des Gases natürlich stark herabsetzt. Mit Gichtgas betreibt man die Gebläsemaschi-nen, heizt man Kessel und vor allem auch die oben erwähnten „Winderhitzer".

Abb. 40 zeigt einen solchen *Winderhitzer* im Schnitt. Ein hoher Zylinder ist bis auf einen engen Verbrennungsschacht mit einem Gitter-werk aus feuerfesten Steinen ausgefüllt. Das

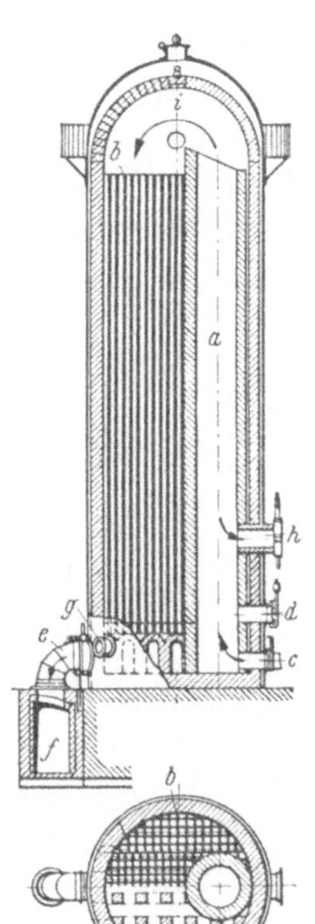

Abb. 40. Winderhitzer nach COWPER

a Verbrennungsschacht, *b* Gitterwerk, *c* Eintritt der Gase, *d* Eintritt der Verbrennungsluft, *e* Ventilkasten für Abgase, *f* Schornsteinfuchs, *g* Eintritt des Kaltwin-des, *h* Austritt des Heißwindes, *i* Kuppel

Gichtgas wird zuerst einmal in besonderen Vorrichtungen von dem aus der Gicht mitgerissenen Staub (Koksstaub und Feinerz) gereinigt, dann in den Verbrennungsschacht des Winderhitzers geleitet und darin verbrannt. Die heißen Verbrennungsgase steigen zur Kuppel hoch und ziehen dann durch das Gitterwerk, dessen Steine dabei auf fast 1000° erhitzt werden, zum Schornstein. Hat das Gitterwerk die notwendige Temperatur erreicht, dann wird umgesteuert. Das Gichtgas wird jetzt zu einem zweiten Winderhitzer geleitet, wo sich der geschilderte Vorgang in gleicher Weise wiederholt. Durch den aufgeheizten ersten Winderhitzer wird nun mit Hilfe der bereits erwähnten Gebläsemaschinen in umgekehrter Richtung Luft gepreßt, wobei die glühenden Steine des Gitterwerks die aufgespeicherte Hitze wieder abgeben. Die hocherhitzte Luft wird dann durch Rohre zu den Blasdüsen des Hochofens geleitet. Abb. 41 zeigt den ganzen Vorgang schematisch.

Das vom Hochofen kommende *Roheisen* läßt man entweder in Sandformen zu meterlangen Barren, zu „Masseln", erstarren, oder es wird in flüssigem Zustande durch feuerfest ausgekleidete Pfannen zum Stahlwerk gebracht, wo es zu Stahl verarbeitet wird.

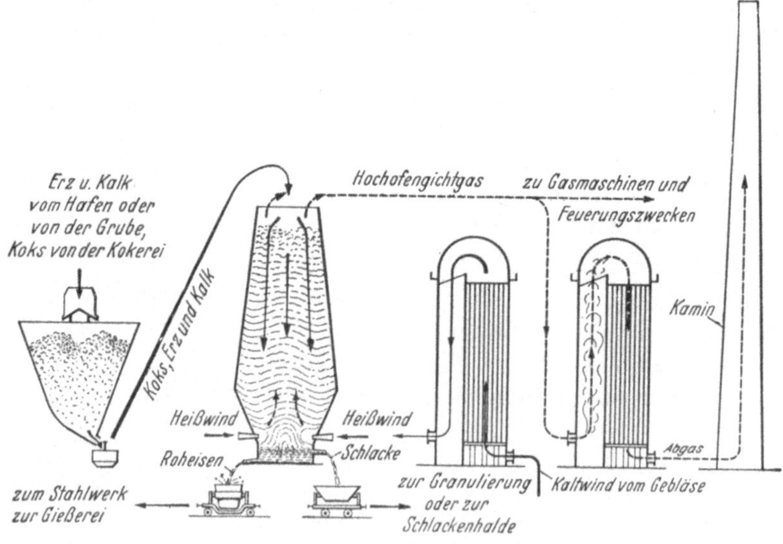

Abb. 41.   Schema einer Hochofenanlage

Das Roheisen hat vom Hochofen verschiedene Begleitelemente mitbekommen, die teils aus den Erzen, teils vom Brennstoff herrühren. Erwähnt seien Silizium, Mangan, Phosphor und vor allem Kohlenstoff. Der Gehalt an Kohlenstoff ist verhältnismäßig hoch, er schwankt zwischen 3 und 5 %. Infolge dieser Beimengungen ist das Roheisen sehr spröde – es läßt sich weder schmieden noch walzen. Man vergießt es aber in den Eisengießereien auf die verschiedensten Formgußstücke, vor allem auf Konstruktionselemente für den Maschinenbau.

Wenn der Hochofen auch heute noch immer der wichtigste Eisenerzeuger ist, so gewinnen doch neue Verfahren an Bedeutung.

Länder mit billiger elektrischer Energie ersetzen einen Teil des aufzuwendenden Kokses bei der Roheisenherstellung durch den elektrischen Strom im *Elektro-Niederschachtofen,* auf dessen Beschreibung aber hier nicht näher eingegangen werden kann.

Neben reinen, reichen Erzvorkommen gibt es auch Erze, in denen die Eisenverbindungen mit anderen Mineralien vermischt auftreten. Solche Erze müssen zunächst einmal „aufbereitet" werden, d. h. die unbrauchbaren Bestandteile (Schlackenbildner) müssen verringert und die eigentlichen Erze also konzentriert werden. Voraussetzung hierzu ist, daß diese „armen" Erze zuerst einmal vermahlen werden. Erst dann können die verschiedenen Bestandteile durch Flotieren, d. h. Ausfällen aus flüssiger Schwebe entsprechend dem spezifischen Gewicht, aussortiert werden. Das dabei gewonnene *Erzkonzentrat* ist daher feinkörnig und kann in dieser Form dem Hochofen nicht zugesetzt werden – es würde ihn verstopfen. Um das zu vermeiden, wird das Feinerz durch „Brikettieren" stückig und damit für den Hochofen erst verwendbar gemacht. Andererseits ist aber das Feinerz ein besonders guter Ausgangsstoff für die *Eisenschwamm-Gewinnung.* Natürlich wird auch bei dieser neueren Methode das Eisen durch „Reduktion" aus den Oxyden herausgeholt, wie schon auf Seite 106 erklärt. Im Gegensatz zum Hochofen wird hierbei das Erz aber nicht geschmolzen, sondern die reduzierenden Gase werden durch das feinkörnige feste Feinerz geschickt und lösen so das Eisen aus seinen Verbindungen heraus. Je nach Art des Verfahrens ergibt sich ein mehr oder weniger feinporöses Produkt, das je nach der Reinheit des Erzkonzentrates, von dem man ausgegangen ist, und der angewandten Reduktionsmittel sehr rein – nahezu reines Eisen sein kann. Guter Eisenschwamm wird zur Erzeugung höchstwertiger Stähle verwendet.

Das *Krupp-Rennverfahren* knüpft an alte Verfahren an, wie es auch die Puddelstahl-Erzeugung ist. Während aber das Ausgangsmaterial für den Puddelofen Roheisen ist, wird beim Rennverfahren aus Feinerz und Kohle eine Eisenluppe erzeugt, die dann wie das Hochofen-Roheisen zur Herstellung von Stahl verwendet wird.

Wie der Leser schon selbst gemerkt hat, wird bei den zuletzt beschriebenen beiden (und anderen) Verfahren aus Erz oder Erzkonzentraten unmittelbar Eisen gewonnen, d. h. ohne den Umweg über das Roheisen.

B. Die Stahlerzeugung

Die Stahlerzeugung besteht in der Hauptsache darin, daß man die erwähnten Beimengungen aus dem Roheisen herausbrennt. Den Vorgang nennt man *Frischen*. Das Frischen wird in der Thomasbirne (Bessemerbirne), im Siemens-Martin-Ofen, im Elektroofen oder nach dem LD-Verfahren durchgeführt.

Die Arbeitsweise der *Thomasbirne* zeigt die Abb. 42. Die Birne wird nach dem Füllen mit dem aus dem Hochofen kommenden Roheisen aufgerichtet, und vom gleichen Augenblick an wird durch die im Boden der Birne befindlichen zahlreichen Luftzuleitungen

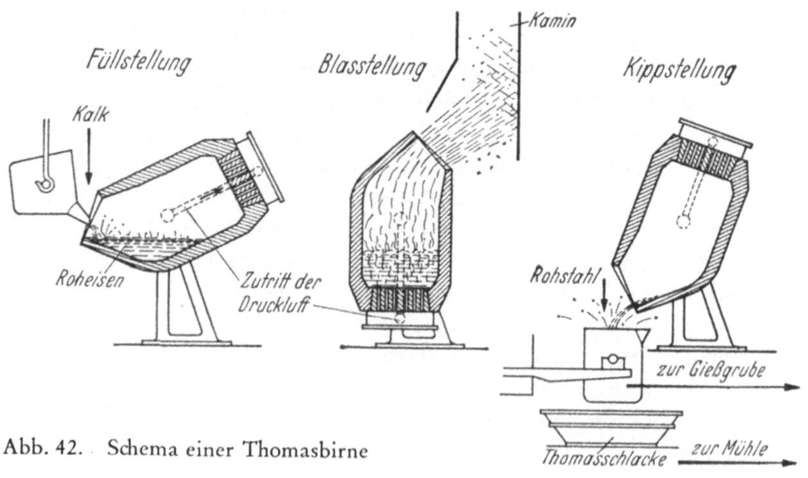

Abb. 42.   Schema einer Thomasbirne

Luft in das Roheisenbad gepreßt – „geblasen". Dabei brennt der Luftsauerstoff die Beimengungen – das Silizium, den Kohlenstoff, das Mangan, den Phosphor – zum größten Teil heraus. Ein mächtiges Flammenbündel schießt aus dem Schlund des hochgerichteten Konverters und bietet besonders zur Nachtzeit ein prächtiges Schauspiel. Bei diesem Verbrennungsprozeß entwickeln sich ganz beträchtliche Wärmemengen, und die Temperatur des flüssigen Bades erhöht sich um mehrere hundert Grad. Diese Temperatursteigerung kommt sehr erwünscht, denn ohne sie wäre es gar nicht möglich, das Stahlbad flüssig zu halten. Aus dem Eisen-Kohlenstoff-Diagramm ersehen wir den Grund hierfür: flüssiges Roheisen erstarrt im Punkt C des Diagramms. Je mehr wir aber mit dem Kohlenstoffgehalt nach links zurückgehen, desto mehr steigt die Liquiduslinie gegen die Punkte $B–A$ an. Mit anderen Worten: soll das Stahlbad flüssig bleiben, dann muß seine Temperatur um so mehr ansteigen, je geringer der Kohlenstoffgehalt während des „Blasens" wird. In etwa 20 Minuten ist der ganze Prozeß beendet, und damit sind – je nach der Größe der Birne – bis zu 80 Tonnen Roheisen in Stahl verwandelt (Abb. 43, s. Bildanhang).

Die herausgebrannten Beimengungen entweichen entweder in gasförmigem Zustande – als Kohlenoxyd und Kohlendioxyd – aus der Birne, oder sie setzen sich in der Schlacke ab, z. B. als Phosphorsäure. Dadurch wird übrigens die Schlacke zu einem wertvollen Nebenprodukt. Sie wird zu „Thomasmehl" vermahlen, das wegen seines hohen Phosphorgehaltes ein hochwertiges Düngemittel abgibt.

Die ursprüngliche Konverterausführung ist aber nicht die Thomas- sondern die *Bessemerbirne*. Der Unterschied liegt hauptsächlich in der feuerfesten Auskleidung. Bei der Bessemerbirne besteht sie aus Sand (Kieselsäure – saures Futter), bei der Thomasbirne dagegen aus Dolomit (basisches Futter). Dieser Unterschied ist bedeutungsvoller, als man auf den ersten Blick glauben möchte. Man kann nämlich in der Bessemerbirne nur aus phosphorarmem Roheisen, wie es z. B. die englischen und schwedischen Erze liefern, guten Stahl herstellen. Die phosphorreichen deutschen und französischen Erze sind für den sauren Konverter unbrauchbar. Den Phosphor kann man nämlich nur durch Kalk verschlacken. Wollte man aber in die mit Kieselsäure ausgekleidete Bessemerbirne Kalkzuschläge geben, dann würden diese das saure Futter auflösen und zerstören.

Das basische Dolomitfutter dagegen wird von dem ebenfalls basischen Kalk wenig angegriffen.

Zwischen Hochofen und Stahlwerk schaltet man immer einen *Roheisenmischer* ein. Man macht sich dadurch von den Hochofenabstichen unabhängig. Außerdem werden die in der Zusammensetzung verschieden ausfallenden Abstiche gut durchgemischt, und man erhält ein auf die Dauer gleichartiges Roheisen. Die Roheisenmischer sind riesige drehbare Trommeln, die ebenfalls feuerfest ausgekleidet sind und auch geheizt werden können, um den Inhalt flüssig zu halten (Abb. 44, s. Bildanhang).

Vom *Windfrischverfahren* in der Birne unterscheidet sich grundsätzlich das *Herdfrischverfahren* im *Siemens-Martin-Ofen* (Abb. 45, s. Bildanhang). Während dem Konverter, wie wir gesehen haben, von außen keine Wärme zugeführt wird und die notwendige Temperatursteigerung sich durch das Verbrennen der Beimengungen des Roheisens ergibt, wird der Siemens-Martin-Ofen regelrecht geheizt, indem man ein Gemisch von Gas oder Öl und Luft verbrennt und die heißen Gase über die Herdmulde streichen läßt, in der sich der Einsatz befindet. Auch wird der Siemens-Martin-Ofen weniger zum Umwandeln von Roheisen in Stahl verwendet, sondern in der Regel zum Umschmelzen der großen Mengen anfallenden Schrotts (Alteisen, wie auch Abfälle der Stahlverarbeitung). Nur zu einem kleinen Teil besteht der Einsatz aus Roheisen. Da aber Stahl einen wesentlich höheren Schmelzpunkt hat als Roheisen, muß man hierbei mit besonders hohen Temperaturen arbeiten. Man erzielt sie durch die Siemens-Regenerativfeuerung. Die Abb. 46 macht uns den Arbeitsvorgang verständlich. Links oben mischt sich *heißes Gas* mit *heißer Luft* und verbrennt. Die Verbrennungsgase streichen über die Herdmulde und bewirken das Schmelzen und das Frischen des Einsatzes. Damit ist ihre Arbeit aber noch nicht ganz getan; durch Kanäle werden sie in zwei tieferliegende Kammern rechts unten geleitet, wo sie ihre Hitze an Gitterwerke abgeben und dann erst zum Schornstein abziehen. Sind diese Kammern genügend aufgeheizt, dann wird mittels Ventilen umgesteuert. Jetzt ziehen in umgekehrter Richtung durch die beiden rechten Kammern Gas und Luft, erhitzen sich in dem Gitterwerk und verbrennen rechts oben an der Verbrennungsstelle. Diesmal streichen die Verbrennungsgase nach links über die Herdmulde und heizen sodann die beiden linken Kammern, worauf aufs neue umgesteuert wird.

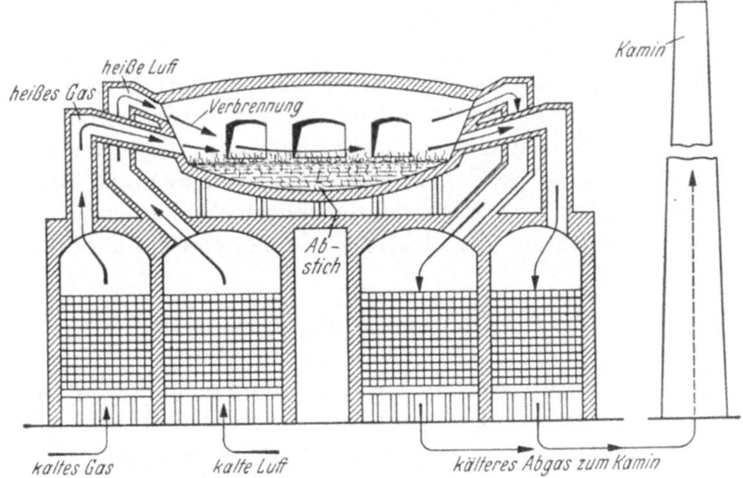

Abb. 46.   Schema eines Siemens-Martin-Ofens

Wie der Konverter kann auch der Siemens-Martin-Ofen sauer oder basisch ausgekleidet sein.

Hochwertige Stähle erzeugt man im *Elektroofen*. Die notwendigen Schmelzwärmemengen werden in diesem durch den elektrischen Lichtbogen zwischen Kohleelektroden erzielt. Der Hauptzweck des Elektroofens ist das Umschmelzen und Verfeinern des Stahls. Für legierte Stähle (Schnelldrehstähle, Sonderstähle) läßt sich der Legierungszusatz gut regeln (Abb. 47).

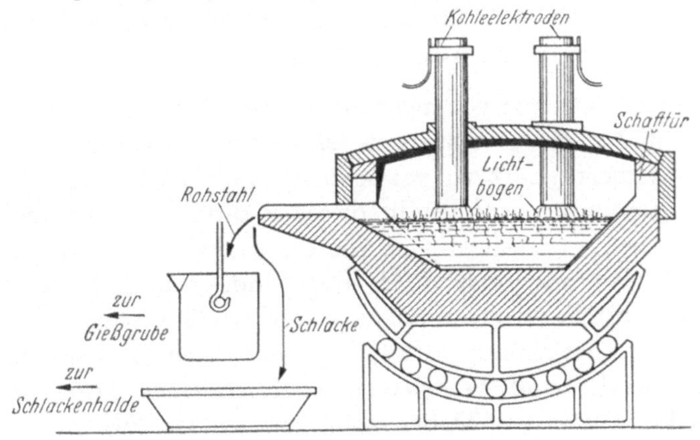

Abb. 47.   Schema eines Elektrolichtbogen-Ofens

Der *Induktionsofen* besteht aus einer stehenden, feuerfest ausgekleideten Spule, deren Windungen aus Kupferrohr gewickelt sind und innen von Kühlwasser durchströmt werden. Das Schmelzgut bildet den Kern dieser Spule und wird durch Wechselstrom induktiv erwärmt. Der Ofen eignet sich nicht zur Raffination von Roheisen, sondern wird vorwiegend zum Umschmelzen eingesetzt. Man kann im Induktionsofen besonders niedriggekohlte Stähle erzeugen, während im Lichtbogenofen die Elektroden immer eine etwas aufkohlende Wirkung haben.

Durch die Elektroöfen wurde die jetzt rund 200 Jahre alte *Tiegelstahlerzeugung* immer mehr zurückgedrängt. Hierbei setzte man in Graphittiegel von etwa 400 mm Höhe Stücke aus schmiedbarem Stahl irgendeiner Erzeugungsart ein, verschloß sie mit Deckeln gleicher Graphitmasse und erhitzte sie serienweise in einem besonderen gasgefeuerten Schmelzofen. Die chemische Zusammensetzung des Tiegelinhaltes wurde dabei wenig verändert. Der Hauptzweck dieses Verfahrens war, den Stahl unter Luftabschluß umzuschmelzen, wodurch er gleichförmiger und damit besser wurde. Wollte man legierte Stähle erzeugen, dann ließen sich die vorgesehenen Mengenanteile der Legierungselemente natürlich gerade auch hierbei genau einhalten.

In den bisher besprochenen Schmelzöfen wird Stahl in flüssigem Zustande erzeugt. Nach dem Ausgaren wird der Ofen abgestochen, der fertige Stahl wird von einer großen Gießpfanne aufgenommen und dann z. B. in Kokillen abgegossen (Abb. 48, s. Bildanhang). Kokillen sind gußeiserne Blockformen von rundem oder quadratischem Querschnitt, in denen der Stahl erstarrt.

Schon BESSEMER hat vor mehr als hundert Jahren an die Möglichkeit gedacht, für den Frischprozeß *reinen* Sauerstoff oder mit Sauerstoff angereicherte Luft zu verwenden. Auch nach ihm hat es an Überlegungen und Versuchen in dieser Richtung nicht gefehlt. Die wirtschaftlichen Voraussetzungen für die praktische Anwendung des Sauerstoffs sind aber erst durch das Linde-Fränkl-Verfahren der Sauerstoff-Herstellung etwa um das Jahr 1928 geschaffen worden. Heute ist die Entwicklung so weit fortgeschritten, daß sich fast alle Eisenhüttenwerke und Stahlwerke in irgendeiner Form mit der Sauerstofffrage befassen. Dabei kann man grundsätzlich zwei Wege gehen.

a) die Verwendung von Sauerstoff oder sauerstoffangereicherter Luft in vorhandenen Anlagen (Hochofen, Konverter, Siemens-Martin-Ofen, Elektroofen);

b) die Entwicklung grundsätzlich neuer Verfahren der Stahlerzeugung.

Bei den unter a) angeführten Methoden erzielt man durch den Ersatz der Verbrennungsluft durch Sauerstoff große Leistungssteigerungen. Der Frischprozeß wird durch den gasförmigen Sauerstoff beschleunigt und die Qualität des Stahles verbessert. Die großtechnische Herstellung von *weichen* rost- und säurebeständigen Stählen im Elektroofen ist überhaupt erst durch die Verwendung von Sauerstoff möglich geworden.

Mit den unter b) angedeuteten neuen Verfahren — den neuen *Blasverfahren* — ist die Stahlerzeugung durch die Anwendung von reinem gasförmigem Sauerstoff einen großen Schritt weitergekommen. Hervorzuheben sind: der Wegfall von Stickstoff, das lebhafte Reaktionsgeschehen sowie die höheren Temperaturen mit abgeändertem Verfahrensverlauf. Das *LD-Verfahren* (Linz-Donawitz-Verfahren) war das erste neue großtechnische Verfahren der Anwendung reinen Sauerstoffs. Dabei wird ein konverterähnliches Ofengefäß verwendet, in das der Sauerstoff durch eine wassergekühlte Lanze eingeblasen wird. Das *Rotor-Verfahren* wurde in Oberhausen entwickelt. Das Ofengefäß hat hier die Form eines liegenden Zylinders, der während des Blasens gedreht werden kann. Der Sauerstoff wird stirnseitig durch Lanzen eingeblasen. Das *Kaldo-Verfahren* kommt aus Domnarvert (Schweden). Der Ofen ist ein schrägliegendes, birnenförmiges Gefäß, durch dessen Hals der Sauerstoff ebenfalls mittels einer Lanze eingeblasen wird.

Um phosphorreiche Roheisensorten verarbeiten zu können, wurden diese neuen Methoden etwas abgeändert und erweitert. Es würde den Rahmen dieses Buches sprengen, sollten alle diese Verfahren beschrieben werden. Einige seien aber angeführt: das *LDAC-Verfahren*, das *Irsid-Verfahren*, das *OCP-Verfahren*.

Der Vollständigkeit halber sei noch kurz auf das große neue Gebiet der *Vakuumtechnik* hingewiesen, die sich in einer stürmischen Entwicklung befindet und heute schon so weit gediehen ist, daß man von einer *Vakuum-Metallurgie* sprechen kann. Zu unterscheiden ist das Vakuum-Schmelzen, das Vakuum-Umschmelzen und das Vakuum-Gießen von Stahl.

Beim Vakuum-Schmelzen wird der Stahl unter Vakuum erschmolzen und abgegossen. Hochwarmfeste Legierungen mit größeren Titanzusätzen können z. B. durch dieses Verfahren vor zu starker Verunreinigung durch Titanoxyd- und Titannitridschlacken bewahrt werden.

Das Vakuum-Umschmelzen besteht in einem erneuten Aufschmelzen lufterschmolzener Stähle unter Vakuum und dient vor allem der Verbesserung des Reinheitsgrades, was sich in erhöhter Zähigkeit sowie besserer Polierbarkeit und Umformbarkeit auswirkt.

Mit dem Vergießen unter Vakuum von lufterschmolzenen Stählen (Vakuum-Gießen) erreicht man geringe Gasgehalte und vermeidet damit die Flockenbildung (Rißchen durch Ausscheidung von Wasserstoffgas). Bei Kugellagerstählen wird darüber hinaus durch Verringerung des Gehaltes an Mikroschlacken eine Erhöhung der Lebensdauer angestrebt.

C. Die Formgebung

Mit der Gewinnung des flüssigen Stahles ist ein mehrstufiger Prozeß abgeschlossen. Es bleibt die Überführung der Schmelze in den festen Zustand zu verwendbaren Formen. Dazu bieten sich zwei Wege an:

a) Das *Vergießen zu Vorformen* (Blöcken, Brammen und Strängen) und Weiterverarbeitung durch Warmformgebung (Walzen, Strangpressen, Schmieden) zu Stabstahl, Profilen, Rohren, Blechen und Schmiedestücken (vgl. Abb. 49, s. Bildanhang). Daran können sich Kaltformgebungsverfahren anschließen (Kaltwalzen, Ziehen, Kaltfließpressen), die zum Teil aber schon nicht mehr im Bereich des Stahlwerkers liegen und zusammen mit der Zerspanung in der weiterverarbeitenden Industrie zu Fertigteilen führen.

b) Das *Vergießen zu fertigen Formen,* die ohne oder schon nach geringer Zerspanung verwendbar sind. Dieser Stahlformguß wird meist durch Gießen in Sandformen hergestellt, in die mit Hilfe eines Modells die gewünschte Form als Hohlraum eingearbeitet wurde. Die Forderung nach glatter Oberfläche und engen Toleranzen hat zu Verbesserungen der Formtechnik geführt. So werden z. B. beim Formmaskenverfahren (Croning-Guß) durch Aufgabe eines Sand/Binder-Gemisches auf beheizte Metallformplatten sehr maßgetreue Abdrücke des Modells mit guter Oberfläche gebrannt, die zu weitgehend fertigen Gußstücken führen. Im Feingußverfahren preßt man die gewünschten Teile zunächst als Hartwachs- bzw. Kunststoffmodelle, setzt mehrere zusammen und umgibt sie mit einer Keramik/Sand-Form. Das Wachs wird durch Erwärmen ausgeschmolzen, der Kunststoff vergast und die in der Sandform entstandenen Hohlräume mit flüssigem Stahl gefüllt. Dieses Feingußverfahren erlaubt den Abguß kleiner komplizierter Teile mit engen Toleranzen und guter Oberfläche.

Beide Wege der Formgebung haben ihre Anwendungsbereiche. Sind beide gangbar, so entscheidet die Wirtschaftlichkeit und die Beanspruchung. Im allgemeinen sind durch Verformung hergestellte Teile in den mechanischen Eigenschaften den Gußstücken überlegen.

Zu erwähnen ist noch, daß die Schweißtechnik einen wesentlichen Platz in der Formgebung einnimmt.

34. Schlußwort

Hat der Leser diese kleine „Einführung in die Stahlkunde" ernsthaft durchgearbeitet, dann darf er wohl von sich behaupten, eine allgemeine Kenntnis des *Wesens* von „Stahl und Eisen" zu besitzen. Was aber ist Sinn und Zweck solchen Wissens?

Nun, der geistig regsame Mensch wird sich in unserem technischen Zeitalter schon ohne bestimmte Nebenabsichten eben auch mit technischen Dingen befassen, genau so wie er sich etwa über geschichtliche Fragen oder über die Grundbegriffe der Astronomie unterrichtet, um seiner Zeit gerecht zu werden. Er wird gern auch eine technisch richtige Vorstellung vom Stahl gewinnen wollen.

Dem im Stahlfach tätigen Kaufmann werden darüber hinaus Kenntnisse, wie sie das vorliegende Buch vermitteln will, auch zu einer wertvollen praktischen Hilfe im täglichen Berufsleben werden. Mancher mag allerdings solches Fachwissen überhaupt für überflüssig halten – vielleicht auch in der Ansicht, daß seine technischen Beurteilungen von einem „zünftigen" Techniker ja doch niemals für voll genommen würden. Natürlich werden solche Kenntnisse nicht ausreichen, technische Streitfragen mit eingehenden wissenschaftlichen Begründungen zu entscheiden, ein Nutzen ist aber doch unbestreitbar vorhanden. So wird der theoretisch vorgebildete Stahlverkäufer sicherlich manche Anfragen seiner Kunden ohne vorherige – meist schriftliche – Rückfrage bei technischen Stellen erledigen können.

Oder ein wirklich notwendiger Schriftwechsel wird auf ein erträgliches Maß beschränkt bleiben. Auch die Arbeit des Technikers kann erleichtert werden, wenn sich der Kaufmann der Schwierigkeiten bewußt ist, die bei der Wahl des richtigen Werkstoffes für einen bestimmten Verwendungszweck manchmal auftreten, oder wenn er in bestimmten Fällen den Besteller schon bei der ersten „unverbindlichen" Anfrage dazu veranlaßt, alle wichtigen Angaben über die beabsichtigte Verarbeitungsart, Wärmebehandlung usw. zu machen.

Für den rein theoretisch interessierten Laien wird das im Rahmen dieses Buches Gebrachte genügen. Der im Stahlfach arbeitende Kaufmann wird aber vielleicht auf dieser Stufe nicht stehenbleiben wollen. Ihm seien im folgenden einige Winke gegeben.

Zur Vertiefung und Verfestigung des Erworbenen greife der Weiterstrebende zu dem schon mehrmals angeführten Werk von F. RAPATZ: Die Edelstähle, 5. Auflage, Berlin/Göttingen/Heidelberg: Springer 1962. Es ist zwar nicht für Kaufleute geschrieben, wird aber für jeden lesbar sein, der sich durch das vorliegende Einführungsbuch schon eine Grundlage geschaffen hat.

Als weitere grundlegende Werke seien genannt: E. HOUDREMONT: Handbuch der Sonderstahlkunde, 3. Auflage, 2 Bände, Berlin/Göttingen/Heidelberg: Springer – Düsseldorf: Verlag Stahleisen 1956; ferner P. OBERHOFFER: Das technische Eisen, 3. Auflage von W. EILENDER und H. ESSER, Berlin: Springer 1936, das vergriffen ist und bei dem sich der Verlag um das Zustandekommen einer neuen Auflage bemüht. Beide Werke behandeln den Stoff sehr ausführlich. Wer sich im besonderen über Werkzeugstähle (Stähle für Kalt- und Warmarbeitswerkzeuge) unterrichten will, beschaffe sich das Stahleisen-Buch von M. SCHMIDT: Werkzeugstähle, Düsseldorf: Verlag Stahleisen 1943 (Neuauflage in Vorbereitung).

Mancher wird ein fachliches Nachschlagewerk besitzen wollen, um bei der Arbeit auftretende Fragen rasch beantworten zu können. Ihm sei das Werkstoffhandbuch Stahl und Eisen, 4. Auflage, Düsseldorf: Verlag Stahleisen 1965, empfohlen, das der Verein Deutscher Eisenhüttenleute in Düsseldorf herausgibt. In einer größeren Anzahl kurzer Einzelarbeiten namhafter Verfasser wird das ganze weite Gebiet des Stahles gründlich bearbeitet. Die einzelnen Abhandlungen sind in der Form des Ringbuches lose zusammengefaßt und können leicht durch neue Blätter ersetzt werden, wenn die eine oder andere

Darstellung durch den Fortschritt in Wissenschaft und Betrieb überholt ist. Für wenig Geld liefert dann der Verlag die umgearbeiteten
Abschnitte nach, so daß das „Handbuch" immer neuzeitlich bleibt
und den letzten Erkenntnissen entspricht. Als Ergänzung zu dem
zuletzt angeführten Werk können die im gleichen Verlag erscheinenden „Werkstoffblätter" dienen.

Wer sich über den im Abschnitt 33 gegebenen „Überblick über
die Erzeugung von Eisen und Stahl" hinaus mit Eisenhüttenkunde
befassen will, der greife zu der beliebten „Gemeinfaßlichen Darstellung des Eisenhüttenwesens", die ebenfalls im Verlag Stahleisen
herausgekommen ist. Als weitere einschlägige Werke, die aber schon
höhere Vorkenntnisse beim Leser voraussetzen, wären zu nennen:
das Stahleisen-Buch von F. SOMMER und E. PLÖCKINGER: Elektrostahl-
Erzeugung, 2. Auflage, Düsseldorf: Verlag Stahleisen 1964, sowie
das Buch von F. LEITNER und E. PLÖCKINGER: Die Edelstahlerzeugung,
2. Auflage von E. PLÖCKINGER und H. STRAUBE, Wien: Springer 1965.

Schweißingenieuren und Schweißern sei ein Buch empfohlen, in
dem sich der Verfasser die Aufgabe stellt, das für sie notwendige
Wissen von Eisen und Stahl von der schweißtechnischen Seite her
darzustellen. Es handelt sich um das Buch von H. LUEB: Kleine
Werkstoffkunde für das Schweißen von Stahl und Eisen, 4. Auflage,
Düsseldorf: Deutscher Verlag für Schweißtechnik 1964.

Auch das Lesen von Fachzeitschriften, vor allem der ausgezeichneten Halbmonatsschrift „Stahl und Eisen", sollte der im Stahlfach
tätige Kaufmann nicht unterlassen. Zwar sind auch die Fachzeitschriften in erster Linie für den Fachmann geschrieben, doch wird
auch der Kaufmann aus ihnen manche wertvolle Anregung schöpfen
können. Im übrigen ist es ja nicht nötig, wahllos alles zu lesen, was
in den Heften gebracht wird. Eine umfangreiche Abhandlung z. B.
über Ofenauskleidungen wird dem Stahlverkäufer natürlich kaum
etwas sagen.

Mit diesen kurzen Hinweisen verabschiedet sich der Verfasser
von seiner Arbeit und ihren Lesern. Er gibt sich der Hoffnung hin,
daß das Buch auf die im Titel gestellte Frage „Was ist Stahl?" dem
Nichtfachmann in leichtverständlicher Fassung eine befriedigende
Antwort gibt und damit seinen Zweck erfüllt.

Namen- und Sachverzeichnis

Zahlen in **Fettdruck** bezeichnen die Stelle, an der das betreffende Stichwort ausführlicher behandelt wird

Abb. 1. Raumgitter. Beispiel einer Anordnungsmöglichkeit von Atomen zueinander. Bei dieser Darstellungsweise sind hintereinanderliegende Atomkugeln teilweise oder ganz verdeckt.

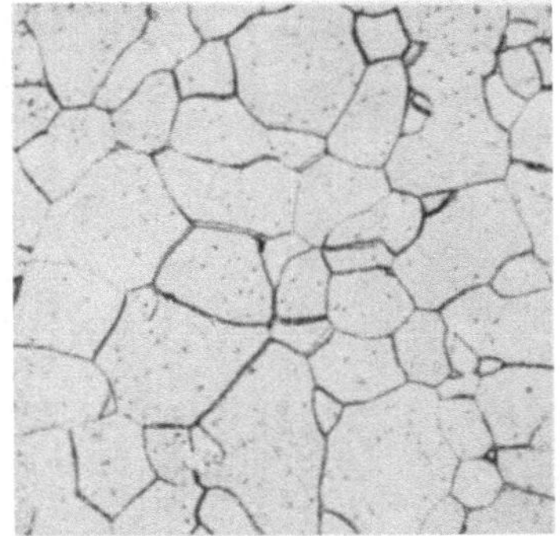

Abb. 4. Ferritgefüge

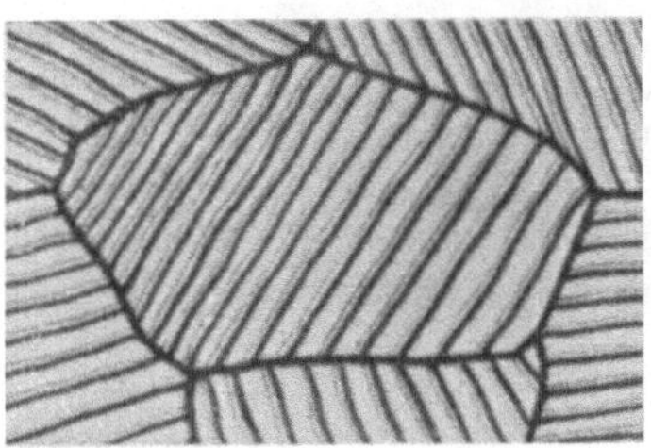

Abb. 5. Einzelner Perlitkristall, schematisch. Kohlenstoffgehalt etwa 0,8 %

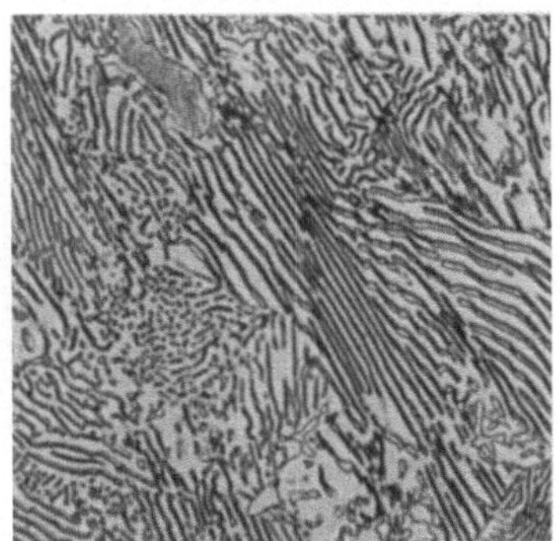

Abb. 6. Perlitgefüge. Kohlenstoffstahl mit etwa 0,8 % C

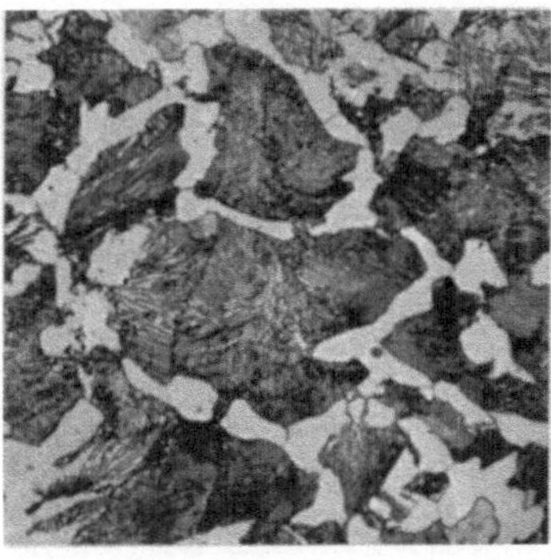

Abb. 7. Kohlenstoffstahl mit etwa 0,6 % C. Ferrit- und Perlitgefüge

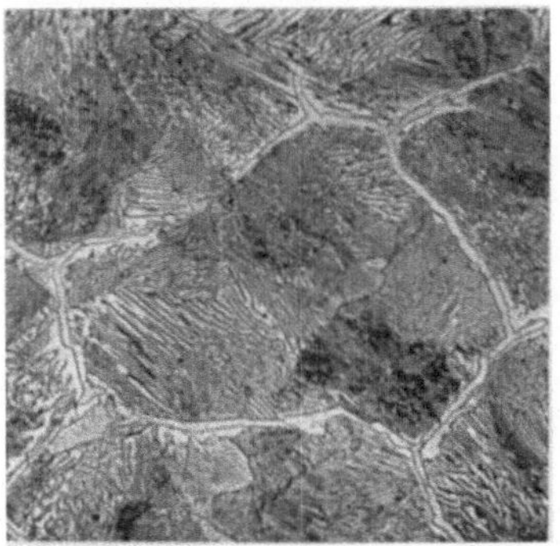

Abb. 8. Kohlenstoffstahl mit etwa 1,2 % C. Perlitgefüge und Korngrenzen-Zementit

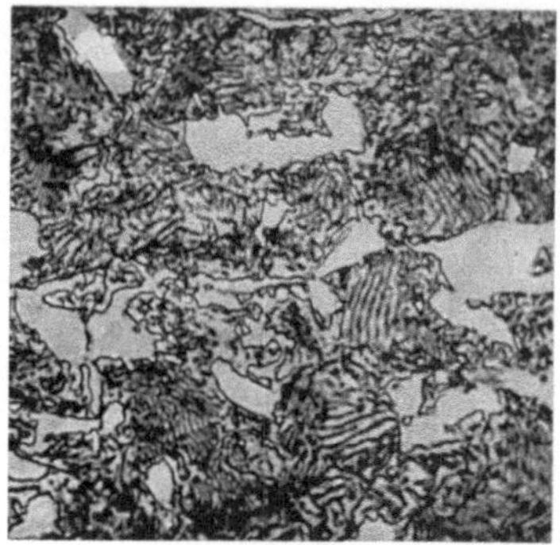

Abb. 9. Kohlenstoffstahl mit etwa
2,2 % C

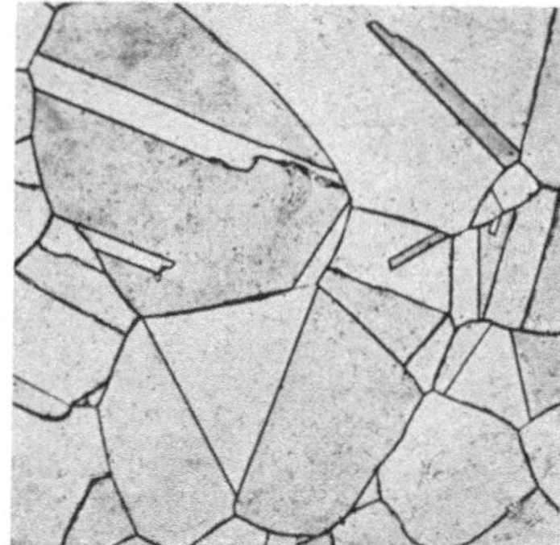

Abb. 11. Austenit

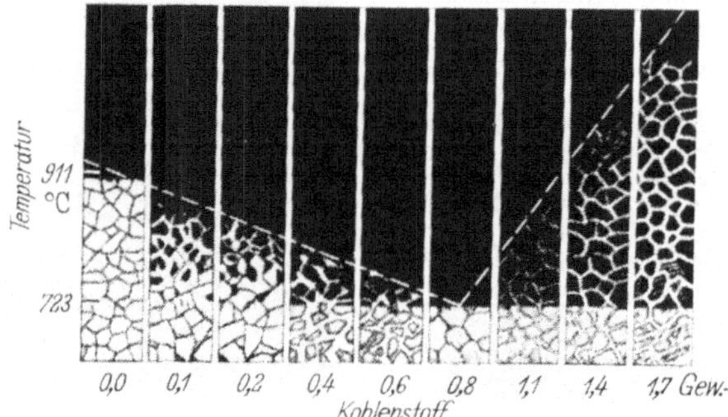

Abb. 12. Ausschnitt aus dem Eisen-Kohlenstoff-Diagramm, gefügemäßig dargestellt

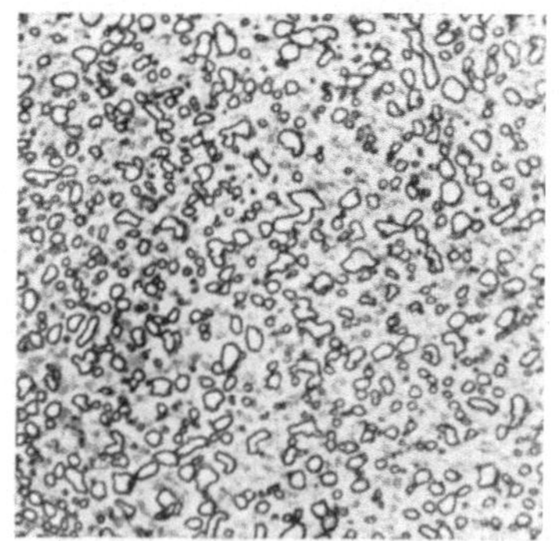

Abb. 13. Weichgeglühter Stahl:
kugelige Karbidausbildung

Abb. 14. Martensit

Abb. 15. Hardenit

Abb. 16. Sorbit

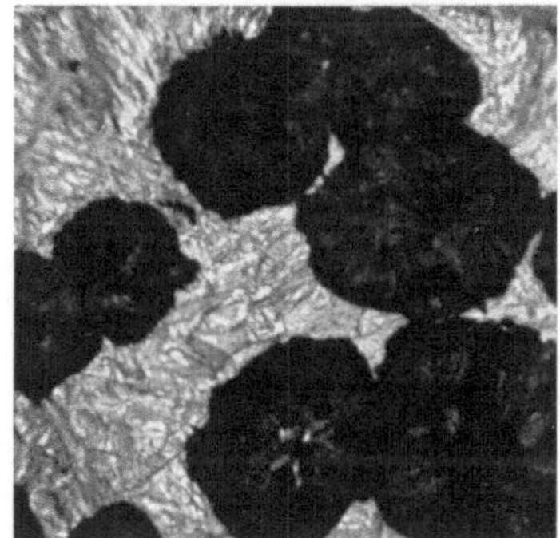

Abb. 17. Troostit (dunkel), eingestreut in Martensit (hell)

Abb. 19. Härtemaschine für die Oberflächenhärtung von Zahnrädern (Griesogen)

Abb. 20. Härtemaschine für die Oberflächenhärtung von Wellen
(Paul Ferd. Peddinghaus, Gevelsberg i. W.)

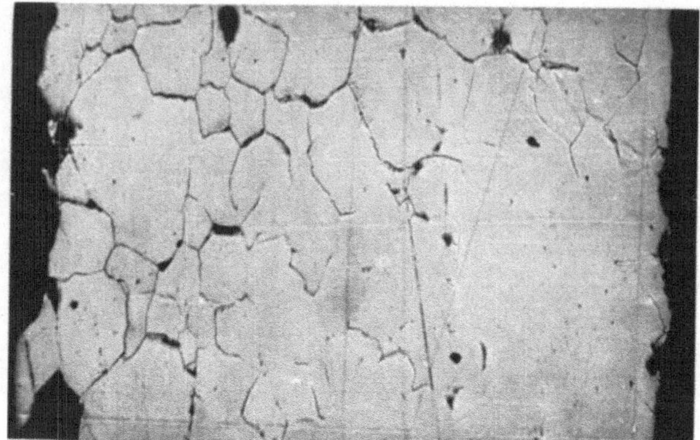

Abb. 30. Interkristalline Korrosion

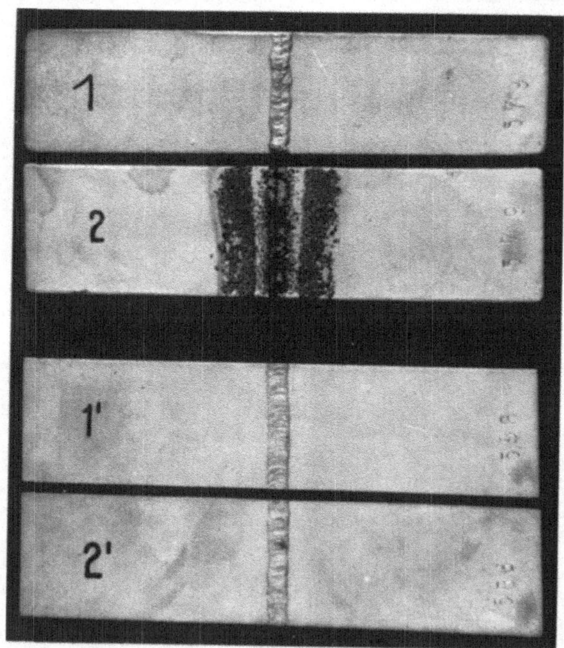

Abb. 31. Geschweißte Chrom-Nickelstähle, nicht abgeschreckt.
Teilbild 1 und 2: Stahl mit 18 %/o Cr und 8 %/o Ni vor und nach der Einwirkung
einer Lösung von Kupfersulfat + 10 %/o Schwefelsäure; Teilbild 1′ und 2′:
„Schweißfeste" Parallelqualität vor und nach der Einwirkung der gleichen
Säurelösung

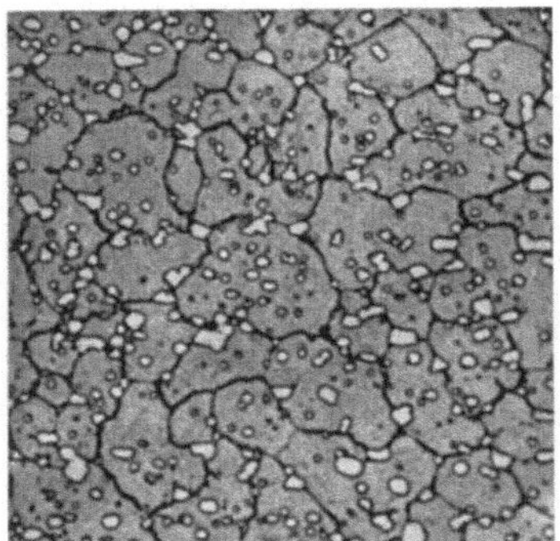

Abb. 32. Richtiges Härtegefüge
eines Schnellarbeitsstahles bei etwa
1300° Härtetemperatur

Abb. 33. Gefüge eines richtig gehärteten und auf etwa 600° ange-
lassenen Schnellarbeitsstahles

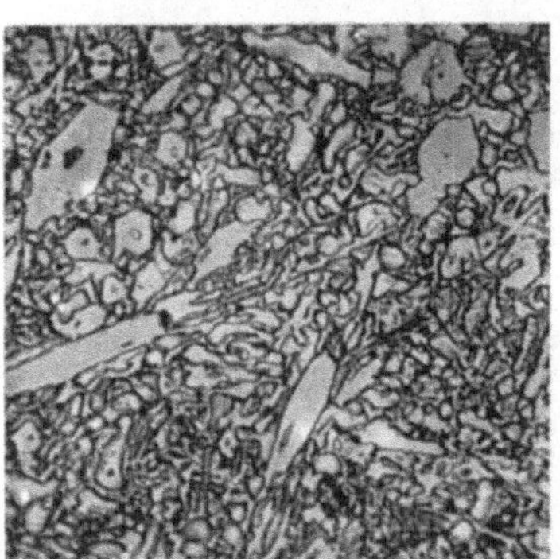

Abb. 35. Gegossene Stellit-Hart-
legierung

Abb. 36. Gefüge eines gesinterten
Karbidschneidmetalles

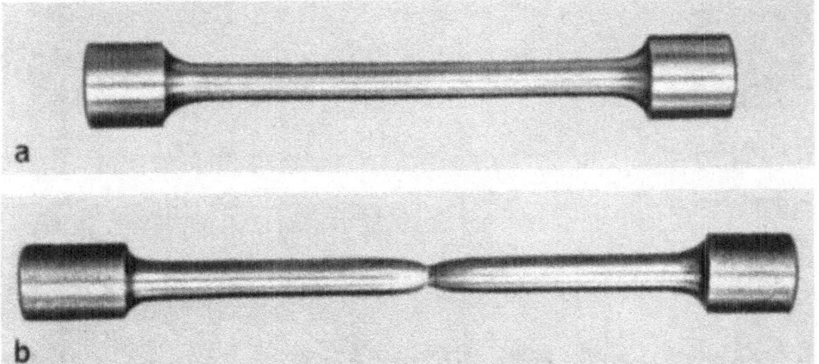

Abb. 37 a und b. Zerreißstab vor und nach dem Zerreißversuch

Abb. 39. Hochofenanlage

Abb. 43. Beschicken einer Thomasbirne

Abb. 44. Ausgießen von Roheisen aus dem Mischer

Abb. 45. Beschicken eines Siemens-Martin-Ofens

Abb. 48. Kokillenguß im Siemens-Martin-Stahlwerk

Abb. 49. Teilansicht der Blockstraße eines Walzwerkes

Druck: Deutsche Zentraldruckerei AG., 1 Berlin 61, Dessauer Str. 6/7

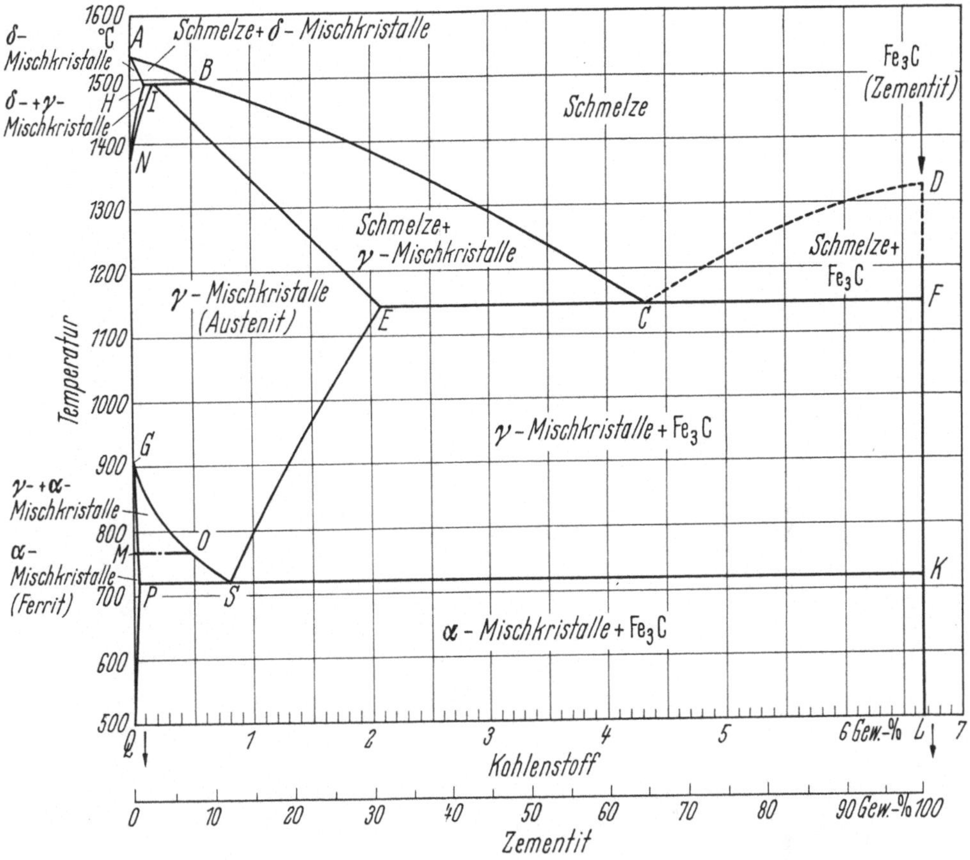

Eisen-Kohlenstoff-Diagramm

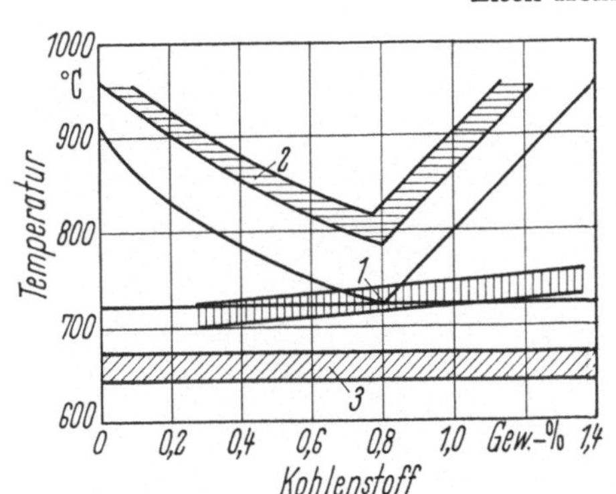

Glühtemperaturen der Kohlenstoffstähle
1 Weichglühen, *2* Normalglühen,
3 Spannungsfreiglühen

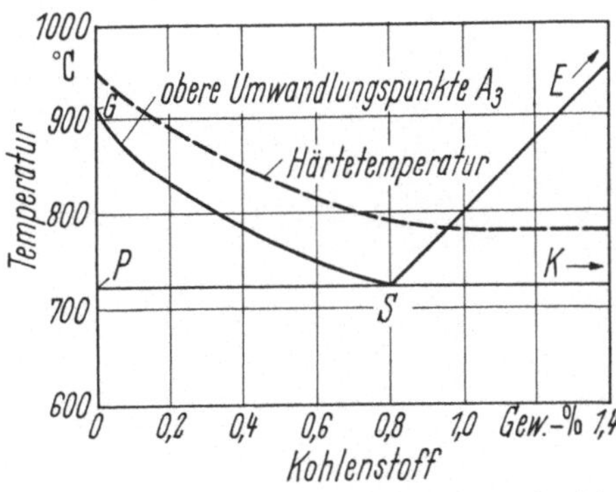

Härtetemperaturen der Kohlenstoffstähle
bei mittlerer Stückgröße

Scheer, Stahl, 13. Aufl.
Springer-Verlag, Berlin/Heidelberg/New York